高等职业教育机电类专业"十三五"规划教材

铣工工艺与技术实训

主编　张伟峰　杨晓俊

主审　徐　刚

西安电子科技大学出版社

内 容 简 介

本书以零基础为起点，注重对职业技术学校学生铣工职业技能的培养，突出可操作性和实用性，同时注重对学生学习能力的培养，符合现代社会企业对工匠人才的技能需求。

全书按项目、任务、练习的架构形式组织内容，全书由 6 个项目组成，具体包括熟悉铣床、认识铣削刀具、加工前的准备工作、铣削原理、铣削加工、综合加工。本书通过各种任务与练习的形式使理论与实践紧密结合，关注对学生专业能力和专业素质的培养。通过对本书内容的学习，不仅可使读者掌握专业核心技能，还能使读者迅速制定相应的工作方法，独立自主地完成工作。

本书可作为高职学校、技工学校、职业学校机械制造专业、机电一体化专业、数控技术专业、模具专业的教材和企业职工的培训教材。

图书在版编目(CIP)数据

铣工工艺与技术实训/张伟峰,杨晓俊主编 . —西安：西安电子科技大学出版社，2018.11

ISBN 978 - 7 - 5606 - 5100 - 2

Ⅰ. ① 铣… Ⅱ. ① 张… ② 杨… Ⅲ. ① 铣削—职业教育—教材 Ⅳ. ① TG54

中国版本图书馆 CIP 数据核字(2018)第 229541 号

策划编辑　李惠萍　　秦志峰

责任编辑　李惠萍

出版发行　西安电子科技大学出版社(西安市太白南路 2 号)

电　　话　(029)88242885　88201467　　　邮　　编　710071

网　　址　www.xduph.com　　　　　　　电子邮箱　xdupfxb001@163.com

经　　销　新华书店

印刷单位　陕西天意印务有限责任公司

版　　次　2018 年 11 月第 1 版　2018 年 11 月第 1 次印刷

开　　本　787 毫米×1092 毫米　1/16　印张　9

字　　数　145 千字

印　　数　1～2000 册

定　　价　20.00 元

ISBN 978 - 7 - 5606 - 5100 - 2/TG

XDUP 5402001 - 1

前　　言

　　本书由职业技术学校一线教师专门针对您开发编写，我们希望将本书交到您的手中时，能让您以最快的速度，充分透彻地理解并掌握您所从事的专业领域中铣工的核心技能。

　　本书的基本使用原则是：您首先应独立学习，学会并理解有关铣削加工的理论知识，为工件的加工做好准备；应通读并理解本书的全部内容并独立回答有关常识性问题，随后与同学或老师讨论结果，由此来确定正确的加工方案，并能够对理解错误的知识进行校正。

　　本书将帮助您学习重要的铣工核心技能。因此，请您仔细通读并坚持不懈地完成本书中的实践学习内容。在您向同学或老师询问答案之前，应首先尝试独立找出问题的答案；学习时应充分利用针对某些信息进行了详细阐述的专业书籍和有关技术手册。

　　本书远非带有教学手册的图纸集合，因为"实践大大重于理论，任何理论只有在实践中才会变得鲜活起来，只有经过检验才具有意义"。因此，理论和实践必须作为一个整体来进行学习。

　　当今社会，在您职业生涯中的每一天都意味着要能够独立自主并负责任地完成复杂的工作任务，这是一项很高的要求。对您来说，这一定不轻松；您将在学习一开始就必须独立应付学业并且不能总是期待从老师那里得到标准答案，您必须培养积极主动的精神，这个学习过程的成功完全取决于您本身的态度和学习方法。

　　今天的努力对于您将来在任何时候都能独立加工工件具有决定性意义，因此，您应勤奋地学习本书中的内容，不应仅仅是简单地加工规定的工件，而应始终思考是否能够实现更加简单、快捷以及有效的加工。非常鼓励您进行更改和改进！

本书由张伟峰、杨晓俊担任主编，项目一、三由张伟峰编写，项目五由曹建中编写，项目二、四、六由杨晓俊编写。

由于时间有限，书中难免有疏漏和不妥之处，敬请读者提出宝贵的意见和建议。

编　者

2018 年 10 月

目　　录

绪　　论

在科学技术迅猛发展的今天，虽然新方法、新工艺不断涌现，但金属切削加工在机械制造行业仍然占有重要的位置，生产中，绝大多数机械零件需要通过金属切削加工来达到相应的尺寸、形状、位置精度以及表面结构要求，以满足产品的性能和使用要求。在目前诸多的金属切削方法中，铣削加工仍是一种应用相当广泛的金属切削加工方法。

一、铣削概述

铣削是以铣刀作为刀具加工工件表面的一种机械加工方法。铣削加工以铣刀旋转作为主运动，工件或铣刀作进给运动，如图 0-1 所示。

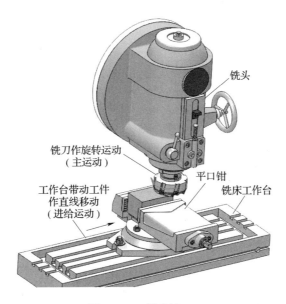

图 0-1　铣削加工

铣削使用铣刀进行切削时，由于参与切削的刀齿数较多，可以采用较高的切削速度和连续进给的运动方式，所以刀具冷却效果好，刀具耐用，因而加工范围广、生产效率高。

铣削时铣刀是多齿刀具,切削过程由于是断续切削,所以加工精度不高,一般多用于粗加工或半精加工。铣削经济加工精度一般为IT9～IT8级,表面粗糙度为Ra12.5～Ra1.6,特殊工艺条件下加工精度可达IT5级,表面粗糙度为Ra0.2。

在铣床上使用不同的铣刀,可以加工平面、阶台、沟槽(直角槽、V形槽、燕尾槽和T形槽等)和成形面,其主要工艺范围如图0-2所示。因而,铣削是机械制造行业中应用十分广泛的加工方式。

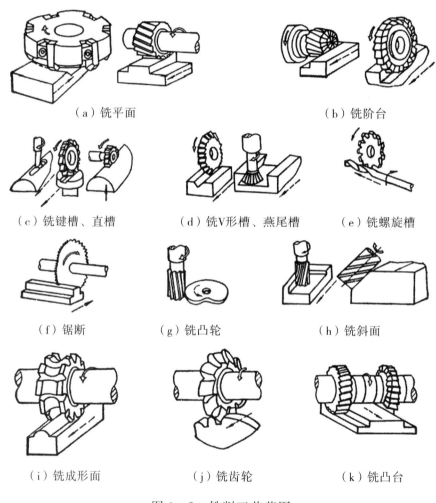

（a）铣平面　　　　　　　　　　　　（b）铣阶台

（c）铣键槽、直槽　　　（d）铣V形槽、燕尾槽　　　（e）铣螺旋槽

（f）锯断　　　　（g）铣凸轮　　　　（h）铣斜面

（i）铣成形面　　　　（j）铣齿轮　　　　（k）铣凸台

图0-2　铣削工艺范围

二、本课程的任务与要求

"铣工工艺与技术实训"是职业学校机械制造类专业的一门专业技术课程;

通过本课程的学习，可使学生掌握铣削加工必备的专业理论知识，并能用理论指导相应的技能训练，培养学生独立完成工作任务的能力，提高学生专业技能与专业素养。

通过学习，学生应达到如下要求：

（1）熟悉常用铣床的主要结构、操作使用方法、日常保养和维护方法。

（2）能合理选择和使用夹具、刀具和量具。

（3）能查阅相关技术资料，可进行铣削的有关计算。

（4）能合理选择切削用量和切削液。

（5）能正确选用工件的定位基准，掌握工件定位和装夹的方法。

（6）能制定简单零件的铣削工艺，可进行相应的铣削操作。

（7）熟悉安全文明生产的有关知识，养成安全文明的生产操作习惯。

 思考：铣削的工艺范围有哪些？铣削一般能达到怎样的加工精度？

项目一　熟悉铣床

　　铣床是机械制造业广泛采用的重要生产加工设备之一，其生产效率高，加工范围广，是一种应用广、类型多的金属切削机床。

任务一　理解铣床型号

　　练习：阅读铣床型号的学习材料，解释铣床型号的含义。

◇◇◇◇◇◇◇◇◇　铣 床 型 号　◇◇◇◇◇◇◇◇◇

　　如图 1-1 所示为铣床铭牌，型号为 X6132。

图 1-1　铣床铭牌

　　机床的型号不仅是一个代号，它还能反映出机床的类别、结构特征、性能和主要的技术规程。机床型号的编制按《金属切削机床　型号编制方法》(GB/T 15375—2008)执行。机床型号的编制采用汉语拼音字母和阿拉伯数字按一定规律组合而成。

铣床型号一般由机床类别代号，机床通用特性代号，机床组、系代号及主参数代号等组成。

1. 机床类别代号

机床类别代号用大写的汉语拼音字母表示，处于整个型号的首位。如"铣床类"第一个汉语拼音字母是"X"（读作"铣"），则其型号首位用"X"表示。

2. 机床通用特性代号

机床通用特性代号用汉语拼音字母表示，位居机床类别代号之后，用来区分类型和规格相同而结构不同的机床。机床通用特性代号（摘录）如表 1－1 所示。

表 1－1 机床通用特性代号

通用特性	高精度	精密	自动	半自动	数控	⋯
代号	G	M	Z	B	K	⋯
读音	高	密	自	半	控	⋯

例如，数控铣床的通用特性代号用"K"表示，而 X6132 中则无通用特性代号。

3. 机床组、系代号

机床组、系代号用两位阿拉伯数字表示，位于机床类别代号或通用特性代号之后。机床组、系代号（摘录）如表 1－2 所示。

表 1－2 机床组、系代号及主参数代号

组代号	组名称	系代号	系名称	主参数折算系数	主参数名称
6	卧式升降台铣床	0	卧式升降台铣床	1/10	工作台面宽度
		1	万能升降台铣床		
		2	万能回转头铣床		
		3	万能摇臂铣床		
		4	卧式回转头铣床		
		5	—		
		6	卧式滑枕升降台铣床		
		7	—		
		8			
		9			

例如，铣床"X6132"，在 X 之后的两位数字"61"表示是卧式万能升降台铣床。

4. 主参数代号

机床型号中的主参数代号是将主参数实际数值除以 10 或 100，折算后用阿拉伯数字表示，位居机床组、系代号之后。

机床的主参数经过折算后，当折算值大于 1 时，用整数表示。"X6132"铣床的主参数是工作台面宽度，工作台面宽度为 320 mm，按 1/10 折算，折算值为 32，大于 1，则主参数代号用"32"表示。也有一些主参数代号是用 1/100 进行折算表示的，常见于龙门铣床、双柱铣床等较大型的铣床；另外，键槽铣床的主参数则表示加工槽的最大宽度。

请解释下列铣床型号的含义：

1. XA6132

2. X6325

请阅读并理解以下信息

正确地阅读和标记

为了准确掌握文章中的信息，可采用不同的工作技巧进行标记和强调。

通过在文字部分的边缘或内部进行标记并作简要注解，能够让你在学习时或在之后复习时对文字部分有一个概括性的了解。

然而，进行标记和强调时通常会犯原则性错误——在阅读文章的开始就将要点标记出来，而没有纵览全局或准确地了解其真正的内容！因此，在第一遍阅读时不应做任何标记，并且应避免整行整行地标记。如果要标记出两行以上的长段落，则应在文字部分的边缘画出纵向线。

在下一轮阅读时，可在了解文章内容的情况下在标记的段落中划出单个的名词、概念和短语。这样做的目的是总结出文章中的关键词，了解文章的主要构架以及找出其中心思想。这样能够在过后很短的时间内依据标记的位置对文章进行简要总结、概括、复习。

找出并标记文章中的中心概念、问题、数据、标题和其他关键内容，不仅有利于记忆，提高学习效率，而且对于自学也十分必要。

祝你成功！

请处理以下信息

请将以下段落排序（即在段落前的方框中写出相应的编号），并与同桌讨论排序结果。

将作为工具的铅笔、荧光笔和绿色彩笔放到桌面上以便随时取用。

将关键术语分类输入学习卡中，并再次思考是否已经全部弄懂。

重要的位置首先通过铅笔划出，以便能够或多或少地辨别出文章的结构！因为铅笔能够轻易擦除。如果在该阶段划出过多，也是可以的。

你将会发现，你对标记的关键术语的记忆相对较为清晰，并且由此更加贴近相应的文章中大多数的细节。关键术语决定细节！

用细绿色彩笔划出用于解释关键术语的"辅助信息"。但请注意：为了在整体上保持其不同之处，请不要划出过多。可放心大胆地进行旁注！

如果你此时又发现了最重要的信息（辅助信息），则说明已经很好地找出了"关键之处"并且对文章的理解也十分充分。

粗略阅读文章，了解大概内容！

再次浏览划线的部分并且找出关键术语。在仔细检查后最终通过荧光笔标记！在日常授课的过程中，通常采用"黄色"作为标记色彩（较少透过背面，但却能够很好地辨认出来）。

任务二　认识铣床结构

 练习1：阅读铣床分类的学习材料，回答问题。

❖❖❖❖❖❖❖❖❖　铣　床　分　类　❖❖❖❖❖❖❖❖❖

铣床是目前机械制造业中广泛采用的工作母机之一，它也是最早应用数控技术的普通机床之一。

铣床的类型很多，根据构造特点及用途不同，铣床可分为升降台铣床、龙门铣床、工具铣床、圆台铣床、仿形铣床和各种专门化铣床等。

升降台铣床是铣床类机床中应用最广泛的一种类型。其结构特征是：安装铣刀的主轴作旋转运动实现主运动，其轴线位置通常固定不动；安装工件的工作台可在相互垂直的三个方向上调整位置，并可在其中任一方向上实现进给运动。升降台铣床根据主轴的布局可分为卧式和立式两种。

1. 卧式升降台铣床

图1-2所示是卧式升降台铣床外形。其主要特征是铣床主轴轴线与工作台台面平行。因主轴呈横卧位置，所以称为卧式升降台铣床。

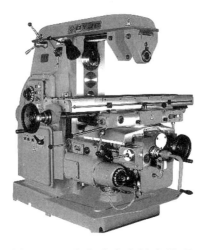

图1-2　卧式升降台铣床外形

　　铣削时，将铣刀安装在与主轴相连接的刀轴上，随主轴作旋转运动；将工件安装在工作台面上，与铣刀作相对进给运动，从而完成切削工作。

　　卧式升降台铣床加工范围很广，可以加工沟槽、平面、特形面、螺旋槽等。卧式万能铣床还带有较多附件，能拓展铣床的功能，因而加工范围较广，应用广泛。

2. 立式升降台铣床

　　图 1-3 所示为立式升降台铣床外形。

图 1-3　立式升降台铣床外形

　　立式升降台铣床与卧式升降台铣床的结构基本相同，其主要区别在于立式升降台铣床的主轴是垂直安装的，可用各种端铣刀或立铣刀加工平面、斜面、沟槽、阶台、齿轮、凸轮以及封闭的轮廓表面等。另外，立铣头可根据加工要求在垂直平面内按顺时针或逆时针方向调整角度，拓展了机床的加工范围。

　　综上所述，升降台铣床工艺范围较广泛，适合于中、小型工件的加工，工作时切削加工的高低位置不变，有利于操作者观察加工情况，且机床的操作手柄较集中，便于调整及操纵。

问题：

1. 升降台铣床的结构特征是什么？

2. 升降台铣床的分类和各自的适用范围有哪些？

 练习 2：阅读 X6132 型铣床学习材料，完成相关要求。

◦•◦•◦•◦•◦•◦•◦• **X6132 型铣床** ◦•◦•◦•◦•◦•◦•◦•

X6132 型铣床应用广泛，通用性较高。现以 X6132 型万能升降台铣床为例，介绍铣床各部分的名称及作用。

1. X6132 型铣床外形及结构

X6132 型铣床外形及结构如图 1-4 所示。

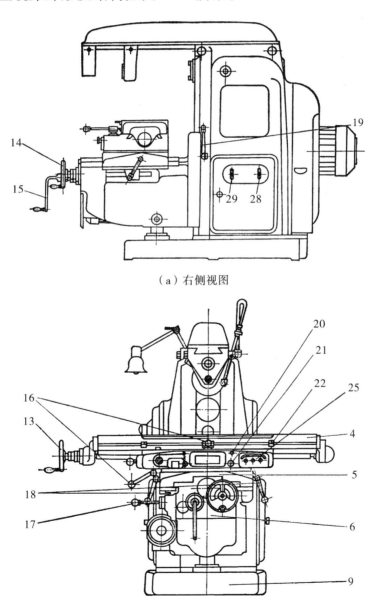

（a）右侧视图

（b）正面视图

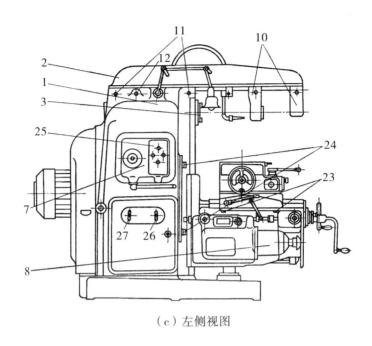

（c）左侧视图

1—床身；2—横梁；3—主轴；4—纵向工作台；5—横向工作台；6—垂向工作台；7—主轴变速机构；8—进给变速机构；9—底座；10—挂架；11—横梁紧固螺钉；12—横梁移动方头；13—纵向手动进给手柄；14—横向手动进给手柄；15—垂向手动进给手柄；16—纵向机动进给手柄；17—横向及垂向机动进给手柄；18—横向紧固手柄；19—垂向紧固手柄；20—纵向紧固螺钉；21—回转盘紧固螺钉；22—纵向进给停止挡铁；23—横向进给停止挡铁；24—垂向进给停止挡铁；25—按钮盘；26—主轴换向开关；27—电源开关；28—圆工作台开关；29—冷却泵开关

图 1-4 X6132 型铣床外形及结构

2. X6132 型铣床各部分结构的作用

X6132 型铣床各部分结构的作用如表 1-3 所示。

表 1-3 X6132 型铣床各部分结构的作用

序号	名　称	作　用
1	床身	用于安装和联接其他部件
2	横梁	用于安装挂架、支承刀杆的另一端
3	主轴	前端有锥孔，用于安装铣刀或铣刀心轴定心
4	纵向工作台	用于安装夹具或工件，实现纵向进给运动
5	横向工作台	用于实现横向进给运动
6	垂向工作台	可沿导轨上下移动，用于调整工作台的高低

序号	名 称	作 用
7	主轴变速机构	主轴变速手柄与主轴变速转数盘配合，进行主轴变速操作
8	进给变速机构	进给变速手柄与进给变速转数盘配合，进行进给变速操作
9	底座	用于承受铣床的全部重量及盛放切削液
10	挂架	用于支承刀杆的悬伸端，以提高刀杆刚性
11	横梁紧固螺钉	用于锁住或松开横梁
12	横梁移动方头	转动后可使横梁前后移动
13	纵向手动进给手柄	用于实现纵向手动进给运动
14	横向手动进给手柄	用于实现横向手动进给运动
15	垂向手动进给手柄	用于实现垂向手动进给运动
16	纵向机动进给手柄	用于实现纵向机动进给运动
17	横向及垂向机动进给手柄	用于实现横向或垂向机动进给运动
18	横向紧固手柄	用于紧固或松开横向工作台
19	垂向紧固手柄	用于紧固或松开垂向工作台
20	纵向紧固螺钉	用于紧固或松开纵向工作台
21	回转盘紧固螺钉	用于锁住或松开回转盘
22	纵向进给停止挡铁	用于实现纵向机动进给的行程控制
23	横向进给停止挡铁	用于实现横向机动进给的行程控制
24	垂向进给停止挡铁	用于实现垂向机动进给的行程控制
25	按钮盘	用于控制主轴启动、停止及快速进给
26	主轴换向开关	逆时针转动时主轴电机正转，反之反转
27	电源开关	逆时针转动时接通机床电源，反之断开
28	圆工作台开关	开关接通后圆工作台能自动回转
29	冷却泵开关	用于控制冷却泵电机的启动或停止

3. X6132 铣床主要参数

X6132 铣床主要参数如表 1-4 所示。

表 1-4 X6132 铣床主要参数

序号	项目	参 数	
1	工作台尺寸	320 mm×1250 mm	
2	主电机功率	7.5 kW	
3	主轴转速、级数	30～1500 r/min、18 级	
4	工作台最大行程	纵向	700 mm
		横向	255 mm
		垂向	320 mm
5	工作精度	平面度	0.02
		平行度	100/0.03
		垂直度	—
		表面粗糙度 Ra	2.5 μm

要求：

1. 填写下表所列铣床各主要部件的作用。

序号	名 称	作 用
1	床身	
2	横梁	
3	主轴	
4	纵向工作台	
5	横向工作台	
6	垂向工作台	

序号	名　称	作　用
7	主轴变速机构	
8	进给变速机构	
9	底座	
10	挂架	
11	横梁紧固螺钉	
12	横梁移动方头	
13	纵向手动进给手柄	
14	横向手动进给手柄	
15	垂向手动进给手柄	
16	纵向机动进给手柄	
17	横向及垂向机动进给手柄	
18	横向紧固手柄	
19	垂向紧固手柄	
20	纵向紧固螺钉	
21	回转盘紧固螺钉	
22	纵向进给停止挡铁	
23	横向进给停止挡铁	
24	垂向进给停止挡铁	
25	按钮盘	
26	主轴换向开关	
27	电源开关	
28	圆工作台开关	
29	冷却泵开关	

2. 学员分组裁剪或书写下表所示纸条，将纸条贴在机床各部件的对应位置上，熟悉机床结构。

床身	横梁
主轴	纵向工作台
横向工作台	垂向工作台
主轴变速机构	进给变速机构
底座	挂架
横梁紧固螺钉	横梁移动方头
纵向手动进给手柄	垂向手动进给手柄
横向手动进给手柄	纵向机动进给手柄
横向及垂向机动进给手柄	
横向紧固手柄	圆工作台开关
垂向紧固手柄	纵向紧固螺钉
回转盘紧固螺钉	纵向进给停止挡铁
横向进给停止挡铁	垂向进给停止挡铁
按钮盘	主轴换向开关
电源开关	冷却泵开关

3. 由小组长主持考核，对照铣床，各学员说出机床各部件名称及其功能。

考核情况记录

任务三　铣床的操作和维护

一、安全教育

 练习：阅读铣床使用安全知识的学习材料，完成相关要求。

————————　铣床使用安全知识　————————

铣床使用安全知识包括文明生产、合理组织工作位置与安全操作等三项内容。

1. 文明生产

文明生产是工厂管理的一项十分重要的内容，它直接关系产品的质量，影响设备和工具、量具、夹具的使用寿命，影响操作工人技能的发挥。所以从一开始就要重视培养文明生产的良好习惯，要求操作者在操作时必须做到：

（1）开车前，应检查铣床各部分机构是否完好，各进给手柄、变速手柄位置是否正确，以防开车时因突然撞击而损坏机床。

（2）工作中需要变换主轴转速时，必须先停车。

（3）工作台上不准放置工具或待加工、已加工的工件，更不允许在工作台上敲击工件。

（4）铣刀磨损后，应及时刃磨、更换。如用磨钝的铣刀继续铣削，会增加铣床负荷，甚至损坏机床。

（5）使用切削液时，要在机床导轨上涂上润滑油。冷却箱中的切削液应定期调换。

（6）下班前，应清除铣床上及铣床周边的切屑及切削液，擦净后按规定在加油部位加上润滑油，各进给手柄放至空挡位置，关闭电源。

（7）工具应放在固定位置，不可随便乱放，应当根据其自身的用途来使用。

（8）爱护量具，保持清洁，用后擦净，涂防锈油，放入盒内并及时归还。

2. 合理组织工作位置

注意工具、夹具、量具、图样的合理放置，这对提高生产效率有很大帮助。

（1）工作时所使用的工具、夹具、量具以及工件，应尽可能靠近或集中在操作者的周围。布置物件时，右手拿的放在右边，左手拿的放在左边；常用的放得近些，不常用的放得远些。物件放置应有固定的位置，使用后要放回原处。

（2）工具箱的布置要分类，并保持清洁、整齐。要求小心使用的物体更要放置稳妥，重的东西放下面，轻的东西放上面。

（3）图样、操作卡片应放在便于阅读的部位，注意保持清洁和完整。

（4）毛坯、半成品和成品应分开，并按次序整齐排列，以便放置或取用。

（5）工作位置周围应经常保持整齐、清洁。

3. 安全操作

操作时必须提高执行纪律的自觉性，遵守规章制度，并严格遵守安全技术要求：

（1）正确穿戴衣帽。工作服要紧身，袖口要扎紧或戴袖套；女工要戴工作帽；不准戴手套作业，以免发生事故；铣削时要戴好防护镜。

（2）防止铣刀割伤。装拆铣刀时，不要用手直接握住铣刀；铣刀未完全停止转动前不得用手去触摸、制动；装拆工件时必须在铣刀停转后进行，使用扳手时注意避开铣刀。

（3）防止切屑伤害。清除切屑时要用毛刷，不可用手抓、用嘴吹；切削时，不要站在切屑流出的方向。

如发现铣床有异常现象，应立即停机检查。

要求：

1. 阅读完毕后，同组同学两两复述有关铣床使用安全常识，互相补充。

2. 请写出五条铣床使用安全注意事项。

(1) _____

(2) _____

(3) _____

(4) _____

(5) _____

3. 导致机床安全事故发生的原因有多种，请举例说明三种可能的机床安全事故的产生原因，并在小组内汇报。

(1) _____

_____

(2) _____

_____

(3) _____

_____

二、铣床的维护保养

 练习：阅读铣床的维护保养学习材料，完成相关要求。

◇·◇·◇·◇·◇·　铣床的维护保养　◇·◇·◇·◇·◇

1. X6132 型铣床的润滑位置图

X6132 型铣床的润滑位置如图 1-5 所示。

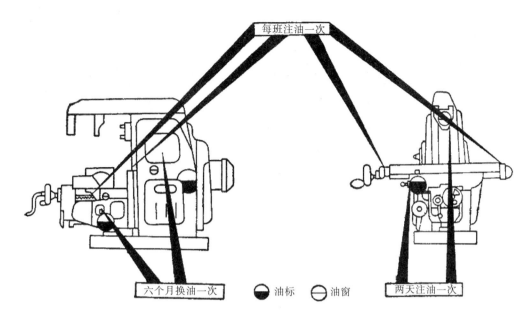

图 1-5   X6132 型铣床的润滑位置图

2. X6132 型铣床的润滑

X6132 型铣床的润滑操作如表 1-5 所示。

表 1-5   X6132 型铣床的润滑操作

注油次数	具体润滑操作
每班注油一次	（1）纵向工作台两端弹子油杯：用油枪压住弹子后将油注入
	（2）横向丝杠处：用油枪直接将油喷射在丝杠表面，并移动横向工作台，使整个丝杠都注到油
	（3）垂向工作台导轨处弹子油杯：用油枪压住弹子后将油注入
	（4）导轨滑动表面：工作前、后擦净导轨表面后注油
	（5）纵向工作台运动部位：开动纵向进给机构，在工作台往复运动的同时，用手压手动油泵（每班润滑 3 次，每次压 8 回）
两天注油一次	（1）手动油泵池：用手旋开油池盖，用油枪注油至油标线
	（2）挂架轴承处油池：用手旋开油池盖，用油枪注油至油标线
六个月换油	（1）主轴传动箱油池：由机修人员六个月换油一次
	（2）进给传动箱油池：由机修人员六个月换油一次

续表

注油次数	具体润滑操作
经常检查油箱，及时加油	（1）主轴传动箱、进给传动箱、手动油泵、挂架轴承油池处油标：经常观察，及时补足油量
	（2）主轴传动箱、进给传动箱上观油窗：经常查看油路是否畅通，运转是否正常，发现问题及时处理
	（3）各润滑点：油质应清洁，无杂质；如油质发生变化，应及时调换

3. 铣床的日常维护保养

铣床的日常维护保养如表 1－6 所示。

表 1－6　铣床的日常维护保养

保养时间	具体操作步骤
每天下班前	用棕刷和棉纱将机床各部分打扫干净，机床外露的滑动表面更应擦干净，并用油壶浇油进行润滑
每周末	用棉纱蘸清洗剂擦洗，清扫各外表面、防护罩及各操纵手柄
运转 500h 后配合机修工人进行一级保养	配合机修工人进行下列一级保养： （1）用棉纱将铣床各外表面、死角及防护罩内外擦净，使其无锈蚀，无油垢 （2）清洗机床附件，并上油 （3）检查设备外部有无缺件 （4）将纵向工作台、横向工作台、丝杠等拆卸下来清洗一次 （5）检查主轴孔及端面，如碰毛则用油石修光 （6）清洗各方向的挡铁，并适当调整松紧 （7）将电器箱内电动机清扫一次，并检查电器装置是否牢固可靠、整齐，限位装置是否安全可靠

4. 注意事项

（1）开机前必须注油润滑，一般用 N32 机油润滑。

（2）维护保养后，使工作台在各进给方向上处于中间位置，各手柄恢复原位。

要求：

1. 在下表中填写每班注油润滑情况：

序号	每班注油润滑
1	
2	
3	
4	
5	

2. 小组合作完成机床每班的润滑并记录。

情况记录：

这就是你将要面对的一切，开始行动吧！

_____

_____

_____

_____

三、电器操作

 练习：阅读电器操作学习材料，完成相关要求。

◦◦◦◦◦◦◦◦◦◦ **电 器 操 作** ◦◦◦◦◦◦◦◦◦◦

1. X6132 型铣床电器名称及作用

X6132 型铣床电器名称及作用如表 1-7 所示。

表 1-7 X6132 型铣床电器名称及功用

序号	名称	作　用
25	按钮盘	用于控制主轴启动、停止及快速进给
26	主轴换向开关	逆时针转动时主轴电机正转，反之反转
27	电源开关	逆时针转动时接通机床电源，反之断开
28	圆工作台开关	开关接通后圆工作台能自动回转
29	冷却泵开关	用于控制冷却泵电机的启动或停止

2. 操作步骤

X6132 型铣床电器操作步骤如表 1-8 所示。

表 1-8 X6132 型铣床电器操作步骤

步骤	电　器　操　作
1	打开车间电源总开关
2	用手转动铣床电源开关 27，逆时针转 90°至接通位置
3	逆时针或顺时针转动主轴换向开关 26，选择主轴旋向
4	若需使用冷却液，打开冷却泵开关 29
5	若需使圆工作台自动回转，将转换开关 28 接通
6	按下启动按钮，观察，再按下停止按钮

3. 注意事项

（1）使用前检查铣床是否良好接地。

（2）使用前摇动各进给手柄，做手动进给检查。

（3）安全用电。

要求：

1. 在下表中填写电器操作的步骤。

步骤	电 器 操 作
1	
2	
3	
4	
5	
6	

2. 独立完成电器操作并记录。

情况记录：

这就是你将要面对的一切，开始行动吧！

四、变速操作

 练习：阅读变速操作学习材料，完成相关要求。

◇◇◇◇◇◇◇◇◇ 变 速 操 作 ◇◇◇◇◇◇◇◇◇

1. X6132 型铣床变速部分名称及作用

X6132 型铣床变速部分名称及作用如表 1 - 9 所示。

表 1 - 9　X6132 型铣床变速部分名称及作用

序号	名称	作　用
7	主轴变速机构	主轴变速手柄与主轴变速转数盘配合，进行主轴变速操作，如图 1-6 所示
8	进给变速机构	进给变速手柄与进给变速转数盘配合，进行进给变速操作，如图 1-7 所示

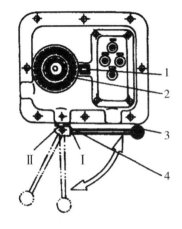

1—指示箭头；2—转数盘；3—手柄；

4—固定环

图 1-6　主轴变速操纵

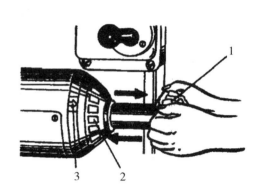

1—蘑菇形手柄；2—转数盘；3—指示箭头

图 1-7　进给变速操纵

2. 操作步骤

X6132 型铣床变速操作步骤如表 1-10 所示。

表 1 - 10　X6132 型铣床变速操作步骤

步骤		变　速　操　作
主轴变速操作	1	用右手握住主轴变速手柄，将其扳向左边
	2	用左手转动主轴变速转数盘，把所需的转速数字对准指示箭头
	3	把主轴变速手柄扳回原来的位置
	4	启动机床，观察，停止
进给变速操作	1	用双手握住进给变速手柄向外拉出
	2	转动手柄，使进给变速手柄转数盘上所需的转速数字对准指示箭头
	3	把进给变速手柄推回原来的位置

3. 注意事项

（1）主轴变速时，扳动手柄要求推动速度快一些，在接近最终位置时，推动速度减慢，便于齿轮啮合；主轴转动时，严禁变速。

（2）主轴变速时，连续变换的次数不宜超过三次。如有必要，应隔五分钟后再进行变速，以免因启动电流过大而导致电动机线路烧坏。

（3）进给变速时，若手柄无法推回原位，应转动转数盘或将机动手柄开动一下；机动进给时，严禁变换进给速度。

要求：

1. 在下表中填写主轴变速和进给变速操作步骤。

步骤		变 速 操 作
主轴 变速 操作	1	
	2	
	3	
	4	
进给 变速 操作	1	
	2	
	3	

2. 独立完成主轴和进给变速操作并记录。

情况记录：

这就是你将要面对的一切，开始行动吧！

_____

_____

_____

_____

五、进给操作

　练习1：阅读进给操作学习材料，完成相关要求。

◦•◦•◦•◦•◦•◦•◦•　进 给 操 作　◦•◦•◦•◦•◦•◦•◦•

1. X6132 型铣床工作台部分进给操作装置的名称及作用

X6132 型铣床工作台部分进给操作装置的名称及作用如表 1 – 11 所示。

表 1 – 11　X6132 型铣床工作台部分进给操作装置的名称及作用

序号	名　称	作　用
13	纵向手动进给手柄	用于实现纵向手动进给运动
14	横向手动进给手柄	用于实现横向手动进给运动
15	垂向手动进给手柄	用于实现垂向手动进给运动
16	纵向机动进给手柄	用于实现纵向机动进给运动
17	横向及垂向机动进给手柄	用于实现横向及垂向机动进给运动
18	横向紧固手柄	用于紧固或松开横向工作台
19	垂向紧固手柄	用于紧固或松开垂向工作台
20	纵向紧固螺钉	用于紧固或松开纵向工作台

2. 进给操作步骤

进给操作步骤如表 1 – 12 所示。

表 1 – 12　进给操作步骤

工作台	操 作 步 骤
工作台部分手动进给	（1）用双手握住纵向手动进给手柄，略加力向里推，使手柄与纵向丝杠接通，顺时针或逆时针摇动，实现纵向手动进给，如图 1 – 8 所示
	（2）用双手握住横向手动进给手柄，略加力向里推，使手柄与横向丝杠接通，顺时针或逆时针摇动，实现横向手动进给
	（3）用双手握住垂向手动进给手柄，略加力向里推，使手柄离合器接通，顺时针或逆时针摇动，实现垂向手动进给

工作台	操 作 步 骤
工作台部分机动进给	（1）启动机床，用手握住纵向机动进给手柄，向左扳动，工作台向左进给；向右扳动，工作台向右进给，如图 1-9 所示
	（2）用手握住横向及垂向机动进给手柄，向上扳动，工作台向上进给；向下扳动，工作台向下进给；向前扳动，工作台向里进给；向后扳动，工作台向外进给，如图 1-10 所示
工作台部分快速移动	先扳动任一方向的机动进给手柄，再按工作台快速移动按钮，可实现工作台任一方向的快速移动，放开按钮，快速移动立即停止；停机

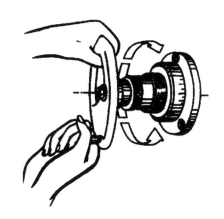

图 1-8　纵向工作台手动进给姿势

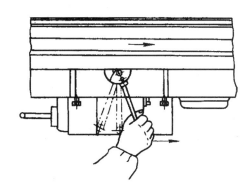

图 1-9　工作台纵向机动进给操作

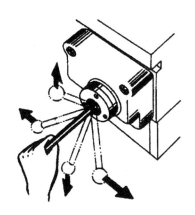

图 1-10　工作台横向、垂向机动进给操作

3. 注意事项

1）手动进给注意事项

① 当工作台被锁紧时，不允许摇动进给手柄进给。

② 当摇动手柄超过所需刻线时，不能直接退回到刻线处，应将手柄退回约一圈，再摇回刻线处，以消除间隙。

③ 摇转手柄时，速度要均匀适当，摇转后应将手柄离合器与丝杠脱开，以防伤人。

2）机动进给注意事项

① 当工作台某方向被锁紧时，不允许该方向机动进给。

② 机动进给完毕，应将机动进给手柄扳回到停止位置上。

③ 不允许两个或多个方向同时进给。

3）加工时工作台进给注意事项

加工时，当工作台沿某一方向进给时，为减少振动，其他两个方向应紧固。

4）圆工作台机动进给注意事项

使用圆工作台机动进给时，应先将转换开关接通，再启动机床。

要求：

1. 请在下表中填写进给操作步骤。

工作台	操　作　步　骤
工作台部分手动进给	
工作台部分机动进给	
工作台部分快速移动	

2. 独立完成进给操作并记录。

情况记录：

这就是你将要面对的一切，开始行动吧！

练习2：阅读机动进给停止挡铁的调整学习材料，完成相关要求。

⋄⋄⋄⋄⋄⋄⋄⋄ 机动进给停止挡铁的调整 ⋄⋄⋄⋄⋄⋄⋄⋄

1. X6132型铣床机动进给停止挡铁的名称及作用

机动进给停止挡铁的名称及作用如表1-13所示。

表 1-13 机动进给停止挡铁的名称及作用

序号	名 称	作 用
22	纵向进给停止挡铁	用于实现纵向机动进给的行程控制
23	横向进给停止挡铁	用于实现横向机动进给的行程控制
24	垂向进给停止挡铁	用于实现垂向机动进给的行程控制

2. 机动进给停止挡铁的调整步骤

机动进给停止挡铁的调整步骤如表1-14所示。

表 1-14　机动进给停止挡铁的调整步骤

方向	调 整 步 骤
纵向进给停止挡铁的调整	用专用内六角扳手松开纵向工作台上左右两块挡铁上的螺母，将挡铁移到要求的位置上，再将螺母拧紧
横向进给停止挡铁的调整	用 14～17 mm 的扳手松开横向工作台上两块挡铁上的螺母，将挡铁移到要求的位置上，再将螺母拧紧
垂向进给停止挡铁的调整	用 14～17 mm 的扳手松开垂向工作台上两块挡铁上的螺母，将挡铁移到要求的位置上，再将螺母拧紧
启动机床，机动进给，观察，停止	

3. 注意事项

纵向、横向、垂向三个方向的机动进给停止挡铁应在限位柱范围内，且限位柱不准随意拆掉，防止出现事故。

要求：

1. 在下列表格中填写机动进给停止挡铁的调整步骤。

方向	调 整 步 骤
纵向进给停止挡铁的调整	
横向进给停止挡铁的调整	
垂向进给停止挡铁的调整	

2. 独立完成机动进给停止挡铁的调整并记录。

情况记录：

这就是你将要
面对的一切，
开始行动吧！

_____

_____

_____

_____

_____

_____

项目二 认识铣削刀具

◇•◇•◇•◇•◇•◇• 铣 刀 概 述 •◇•◇•◇•◇•◇•◇

铣刀来源于刨刀，刨刀上只有一面有刀刃，刨削加工时，前进时有切削作用，回程时无切削作用，回程的时间就完全浪费掉了，并且刨刀的刀刃很窄，因此其加工的效率很低。为了克服这一缺点，将其加以改进，办法就是将刨刀装在一根轴上，使其快速旋转，让工件慢慢从下面走过，这样就节省了加工时间，这就是原始的铣刀，也叫做单刃铣刀。经过长期的发展，才有了现在各式各样的铣刀。

定义：铣刀是用于铣削加工的、具有一个或多个刀齿的旋转刀具。工作时各刀齿依次间歇地切去工件的余量。铣刀主要用于在铣床上加工平面、台阶、沟槽、成形表面和切断工件等，如图 2-1 所示。

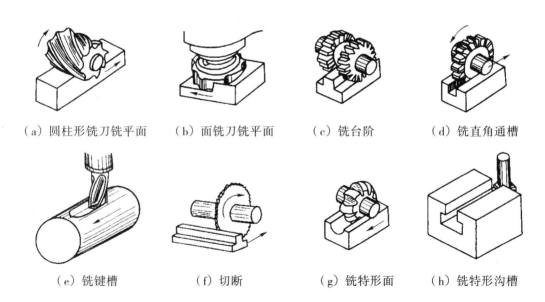

(a) 圆柱形铣刀铣平面　(b) 面铣刀铣平面　(c) 铣台阶　(d) 铣直角通槽

(e) 铣键槽　　　(f) 切断　　　(g) 铣特形面　　(h) 铣特形沟槽

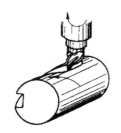

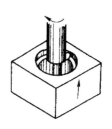

（i）铣齿轮　　　（j）铣圆柱面螺旋槽　　（k）铣牙嵌式离合器　　　（l）镗孔

图 2-1　铣刀应用

任务一　了解铣刀材料

 练习：阅读铣刀材料的学习材料，借助信息技术回答问题。

◇—◇—◇—◇—◇—◇　铣　刀　材　料　◇—◇—◇—◇—◇—◇

1. 铣刀切削部分材料的基本要求

（1）高硬度和耐磨性。在常温下，切削部分材料必须具备足够的硬度才能切入工件，常温下硬度一般要求在 60HRC 以上；具有良好的耐磨性，刀具才不会短时磨损，延长使用寿命。

（2）良好的耐热性。刀具在切削过程中会产生大量的热量，尤其是在切削速度较高时，温度会很高，因此，刀具材料应具备好的耐热性，即在高温下仍能保持较高的硬度，还能继续进行切削。这种具有高温硬度的性质又称为热硬性或红硬性。

（3）足够的强度和韧性。在切削过程中，刀具要承受很大的冲击力，所以刀具材料要具有较高的强度，否则易断裂或损坏。由于铣刀会受到冲击和振动，因此，铣刀材料还应具备好的韧性，才不容易崩刃、碎裂。

（4）良好的工艺性。工艺性一般指材料的可锻性、焊接性、切削加工性、可刃磨性、高温塑性、热处理性能等。工艺性越好越便于制造，这对形状比较复杂的铣刀，尤其重要。

2. 铣刀常用材料

1) 高速工具钢

高速工具钢也简称为高速钢、锋钢等，分通用高速钢和特殊用途高速钢两种。高速钢具有以下特点：

（1）合金元素钨、铬、钼、钒的含量较高，淬火硬度可达 HRC62～70，热硬性温度达 550℃～600℃，具有较好的切削性能，切削速度一般为 16～35 m/min。

（2）刃口强度和韧性好，抗振性强，能用于制造切削速度一般的刀具。对于刚性较差的机床，采用高速钢铣刀，仍能顺利切削。

（3）工艺性能好，锻造、加工和刃磨都比较容易，还可以制造形状较复杂的刀具。

（4）与硬质合金材料相比，仍有硬度较低、红硬性和耐磨性较差等缺点。

2) 硬质合金

硬质合金是将高硬度难熔的金属碳化物（如 WC、TiC、TaC、NbC 等）粉末，以钴或钼、钨为黏结剂，用粉末冶金方法制成。其主要特点如下：

（1）能耐高温，在 800℃～1000℃ 左右仍能保持良好的切削性能，切削时可选用比高速钢高 4～8 倍的切削速度。

（2）常温下硬度高，耐磨性好。

（3）抗弯强度低，冲击韧性差，刀刃不易刃磨得很锋利。

常用的硬质合金一般可以为以下三大类：

① 钨钴类硬质合金（YG）。常用牌号有 YG3、YG6、YG8，其中数字表示含钴量的百分率。含钴量愈多，韧性愈好，愈耐冲击和振动，但会降低硬度和耐磨性。因此，该合金适用于切削铸铁及有色金属，还可以用来切削冲击性大的毛坯和经淬火的钢件与不锈钢件。

② 钛钴类硬质合金（YT）。常用牌号有 YT5、YT15、YT30，数字表示含碳化钛的百分率。硬质合金含碳化钛以后，能提高钢的粘结温度，减小摩擦系数，并能使硬度和耐磨性略有提高，但降低了抗弯强度和韧性，使其性质变脆。因此，该类合金适于做切削钢类零件。

③ 通用硬质合金（YW）。在上述两种硬质合金中加入适量的稀有金属碳化物，如碳化钽和碳化铌等，使其晶粒细化，提高其常温硬度和高温硬度、耐磨性、粘接温度和抗氧化性，能使合金的韧性有所增加，因此，这类硬质合金刀具

有较好的综合切削性能和通用性，其牌号有 YW1、YW2 和 YA6 等。由于其价格较贵，主要用于难加工的材料，如高强度钢、耐热钢、不锈钢等。

问题：（小组合作完成）

1. Sandvik Coromant（山特维克可乐满）公司生产的 CoroMill 390 立铣刀曾被称为立铣之王，请问该铣刀是用什么材料做成的（注意区分刀体和刀片）？其特点如何？应用场合有哪些？目前市场售价多少？

_____

_____

_____

_____

2. 硬质合金是否完胜高速钢？阐述之。

_____

_____

_____

_____

任务二　分辨铣刀种类

  **练习**：阅读铣刀种类的学习材料，借助信息技术回答问题。

铣刀的种类

铣刀的种类很多，可以用来加工各种平面、沟槽、斜面和成形面。铣刀的分类方法很多，常用的分类方法如下：

1. 按铣刀切削部分的材料分类

按铣刀切削部分的材料分类，可分为高速钢铣刀、硬质合金铣刀、高速钢和硬质合金涂层铣刀及金刚石、陶瓷、立方氮化硼等超硬材料制造的铣刀。高速工具钢铣刀一般形状较复杂，有整体和镶齿两种，如图 2-2 和图 2-3 所示；硬质合金铣刀大都不是整体的，其铣刀片多以焊接或机械夹固的方式镶装在铣刀刀体上，如硬质合金端面铣刀等，见图 2-4。

图 2-2　整体 HSS

图 2-3　镶齿 HSS

图 2-4　硬质合金端面铣刀

2. 按铣刀的结构分类

按铣刀的结构分类，可分为整体式铣刀、镶齿式铣刀和机械夹固式铣刀等类型。

3. 按铣刀的用途分类

按铣刀的用途分类，可分为平面铣刀、沟槽铣刀、成形面铣刀等类型。平面铣刀主要有端铣刀、圆柱铣刀；沟槽铣刀主要有立铣刀、三面刃铣刀、槽铣刀和锯片铣刀、T 形槽铣刀、燕尾槽铣刀及角度铣刀等；成形面铣刀是根据成形面的形状而专门设计的成形铣刀。各种铣刀如表 2-1 所示。

表 2-1 铣刀类型、简图及其说明

类型	简 图 及 说 明
铣削 平面用 铣刀	圆柱形铣刀　　套式端铣刀　　硬质合金刀片　　可转位端铣刀 铣削平面用铣刀主要有圆柱形铣刀和端铣刀。圆柱形铣刀主要分为粗齿和细齿两种,用于粗铣和半精铣平面;端铣刀有整体式、镶嵌式和机械夹紧式三种
铣削 直角沟槽 用铣刀	立铣刀　　直齿和错齿三面刃铣刀　　键槽铣刀　　锯片铣刀 立铣刀的用途较为广泛,可以用来铣削各种形状的沟槽和孔、台阶平面和侧面、各种盘形凸轮与圆柱凸轮、内外曲面;三面刃铣刀分直齿、错齿,结构上又分为整体式、焊接式和镶齿式等几种,用于铣削各种槽、台阶平面、工件的侧面及凸台平面;键槽铣刀主要用于铣削键槽;锯片铣刀用于铣削各种窄槽,以及对板料或型材的切断
铣削 特形沟槽 用铣刀	T形槽铣刀　　燕尾槽铣刀　　单角铣刀　　双角铣刀 铣削特形沟槽用铣刀主要有 T 形槽铣刀、燕尾槽铣刀和角度铣刀,角度铣刀又分为单角铣刀、对称双角铣刀和不对称双角铣刀三种

续表

类型	简 图 及 说 明
铣削 特形面 用铣刀	 凸半圆铣刀　凹半圆铣刀　齿轮铣刀　专用特形面铣刀

问题：（小组合作，讨论完成）

1. 仔细观察下图所示两种铣刀，它们分别属于哪一种类型？有何区别？

2. 铣削台阶时可以用哪几种铣刀？彼此之间有何差异？

任务三 理解铣刀参数

练习：阅读铣刀参数学习材料，厘清思绪后回答问题。

❖❖❖❖❖❖ 铣刀的基本参数及其选择 ❖❖❖❖❖❖

1. 铣刀基本参数

以圆柱直齿平面铣刀（图 2-5）为例，说明铣刀的几个基本概念：

（1）前刀面：进行铣削加工时，切屑流出的通道。

（2）后刀面：减小刀具与已加工平面的摩擦。

（3）前角：前刀面与基面的夹角，用来反映前刀面的空间位置。

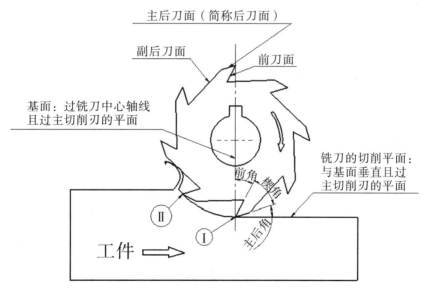

图 2-5 圆柱直齿平面铣刀参数

注：前角决定切削的难易程度和切屑在刀具前面上的摩擦情况。前角大时，可使切屑变形小，流出顺利，减少了切屑和刀具前刀面之间的摩擦，使切削力降低，切削起来轻快；但是前角太大，会使刀刃变得非常薄弱，粗加工时可能引起崩刃。

（4）楔角：前刀面与后刀面的夹角，用来反映铣刀刃的厚度以及强度。

（5）后角：后刀面与铣刀主切削面的夹角，用来反映后刀面的空间位置。

注：后角作用是减小刀具后面和工件已加工表面之间的摩擦，其大小直接影响到刀具强度。后角加大了，后面与已加工平面之间的摩擦会减小，切削起来轻快点，刀齿的磨损会慢些；但是后角太大，会降低刀齿强度，刀刃散热情况变差，反而会加剧刀齿的磨损。

（6）基面：用来定义前角的基准面，且会转动（如铣刀的一个刀刃由位置Ⅰ转到位置Ⅱ）。

（7）铣刀的切削平面：用来定义后角的基准面，且会转动（因为基面转动，它又始终垂直与基面）。

综上所述，在上述这七个基本概念中，主要考虑的是"前角"和"后角"。

另外，圆柱螺旋齿平面铣刀还需知道以下角度：

（8）螺旋角：切削刃与铣刀轴线间夹角，其作用是能使刀具在切削时受力均衡，工作较为稳定，切削流动顺利。

对于端铣刀，还有主偏角、副偏角、过渡刃偏角等几个角度，如图2-6所示。

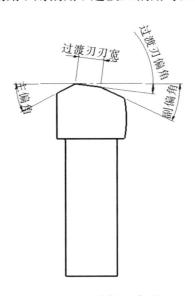

图 2-6 端铣刀角度

（9）主偏角：为主切削刃和工件加工表面之间的夹角，其作用是能使切削更加容易。

（10）副偏角：为副切削刃和工件加工表面之间的夹角，其作用是减少刀刃和已加工表面之间的摩擦。

（11）过渡刃偏角及刃宽：使主刀刃和副刀刃的夹角不变尖。

2. 铣刀几何参数的选择

1）前角的选择

（1）主要根据工件材料来决定。

① 在加工塑性材料（如钢料）时，塑性材料切屑呈带状且变形大，应选用较大的前角，以减小切屑的变形，改善切削情况。

② 在加工脆性材料（如铸铁）时，脆性材料切屑呈碎状小块，在刀刃附近有冲击力，并且脆性材料表面硬度高，通常含沙眼、杂质等，对切削不利。为保护刀尖，前角一般比加工塑性材料要小些。

③ 在加工轻金属（如铝及铝合金）时，前角可取的比塑性材料更大些，因为金属强度和硬度都比钢材料低，在铣切中对刀齿的强度要求可以比铣钢料时低，同时加大前角更有利于切屑的排除。

（2）也应考虑加工的性质。

① 粗加工时，为了保证铣刀刀刃有较好的强度和散热条件，应选取较小的前角。

② 精加工时，为了保证加工表面质量，使刀刃锋利，应选取较大的前角。

（3）还应考虑刀具材料。高速工具钢铣刀抗弯强度和抗冲击韧性较好，可选取较大的前角；硬质合金铣刀抗弯强度和抗冲击韧性较差，应选取较小的前角。

2）后角的选择

（1）考虑工件材料的软硬程度。

① 工件材料较软时，即铣削塑性大和弹性变形大的材料时，应选取较大的后角，以减小后面的摩擦。

② 工件材料较硬时，即铣削强度大、硬度高的材料时，宜选取较小的后角，以保证铣刀刃口的强度。

（2）考虑加工的性质。

① 粗加工时，对加工表面质量要求不高，同时被切除的金属层比较厚，铣刀承受的铣削抗力较大，为了保证铣刀刃口的强度，应选取较小的后角。

② 精加工时，工件要保证一定的表面质量，且被切除的金属层比较薄，为了减小摩擦和使铣刀刃口锋利，提高加工表面质量，应选取较大的后角。

（3）考虑刀具材料。高速工具钢铣刀抗弯强度高、抗冲击韧性好，其后角可比硬质合金铣刀的后角大些。

3）主偏角的选择

主偏角大小影响刀具的使用寿命。由图 2-7 可知，在铣刀每齿走刀量（即图中阴影部分）一定的情况下，有下列两种情况：

（1）主偏角减小，刀齿参加切削的长度由 L 增加为 L'，则刀具散热情况可改善，刀具使用寿命可以延长，但是消耗的动力也会增加。

（2）主偏角增大，因切削力的关系，可能引起振动。

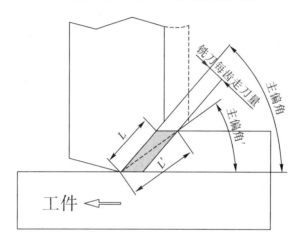

图 2-7　主偏角的选择

4）副偏角的选择

副偏角的选择对加工表面光洁度有很大影响。由图 2-8 可知，工件已加工表面上因进给运动而形成残留面积（图中阴影部分）。

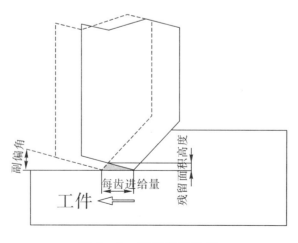

图 2-8　副偏角的选择

（1）若增大副偏角，则残留面积高度越大，工件表面质量越差。

（2）平面铣刀上没有副偏角一说。

5）螺旋角的选择

因为螺旋角对于排屑和铣削的平稳性很有利，所以要注意轴向力的影响和排屑的顺利性。

（1）铣刀螺旋槽方向的确定，以卧式铣床上圆柱螺旋平面铣刀为例，如表2-2所示。

表2-2 铣刀螺旋槽

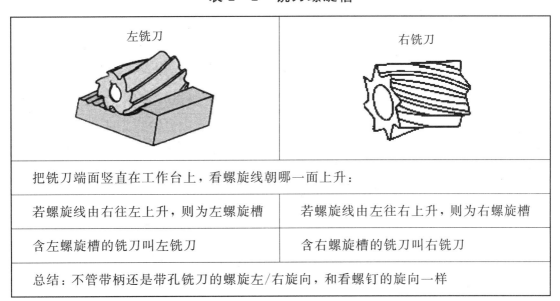

左铣刀	右铣刀
把铣刀端面竖直在工作台上，看螺旋线朝哪一面上升：	
若螺旋线由右往左上升，则为左螺旋槽	若螺旋线由左往右上升，则为右螺旋槽
含左螺旋槽的铣刀叫左铣刀	含右螺旋槽的铣刀叫右铣刀
总结：不管带柄还是带孔铣刀的螺旋左/右旋向，和看螺钉的旋向一样	

（2）铣削加工时，一定要注意铣刀的旋向和铣刀中心轴上受力的方向，如表2-3所示。

表2-3 铣刀的旋向和铣刀中心轴上受力方向

铣床	方向分析	注释
卧式铣床（见项目一）	当铣刀螺旋槽方向与卧铣主轴转向配合，让刀杆上受力沿刀架中心轴线指向挂架时，刀杆上受力有使刀杆从卧铣主轴中拔出的趋势，所有指向人的方向都是错误的，所以这样安装是错误的	挂架承受的力不大，会使铣床产生振动
	当铣刀螺旋槽方向与卧铣主轴转向配合，让刀杆上受力沿刀架中心线指向卧铣主轴时，刀杆上受力有使刀杆推向卧铣主轴的趋势，是背离人的方向的，所以这样安装是正确的	卧铣主轴能承受很大的推力

铣床	方 向 分 析	注释
立式铣床（见项目一）（**注**：为增大容纳切屑的空间，使切屑不致堵塞螺旋槽且顺利排出，立铣刀齿数应取少些，一般为2～6齿）	当铣刀螺旋槽方向与立铣主轴转向配合，让过渡套筒上受力沿立铣刀中心轴线指向立铣主轴时，可使立铣刀安装得更加紧固。由于力的反作用，立铣刀就对切屑有一个向下的力，促使切屑沿铣刀螺旋槽向下排出，这种方法适于立铣刀铣侧平面	无论铣刀螺旋槽方向与机床主轴转向配合怎样，刀杆只能是沿竖直方向，都不会朝向人。所以怎么安装都是正确的
	当铣刀螺旋槽方向与立铣主轴转向配合，让过渡套筒上受力沿立铣刀中心轴线背离立铣主轴时，立铣刀有从立铣主轴中拔出来的趋势，必须用螺杆通过主轴将立铣刀拉紧。由于力的反作用，立铣刀对切屑有一向上的力，促使切屑沿铣刀螺旋槽向上排出，这种方法适于立铣刀的铣槽	

问题：（小组讨论完成）

1. 如何选择铣刀几何参数来控制工件的表面粗糙度，提高表面质量？

_____

_____

_____

2. 圆柱铣刀的各角度对于刀具寿命是否有影响？

_____

_____

项目三　加工前的准备工作

任务一　平口钳的安装与调整

练习：阅读平口钳学习材料，完成相关要求。

◦◦◦◦◦◦◦◦◦◦　平　口　钳　◦◦◦◦◦◦◦◦◦◦

1. 概述

平口钳用于以平面定位或夹紧中小型工件，其规格以钳口宽度为标准，有 100、125、130、160、200、250 mm 几种。

常用的平口钳有固定式和回转式两种。回转式平口钳的结构形状如图 3-1 所示。该平口钳能够绕底座旋转 360°，可在水平面内旋转任意角度，从而扩大了其工作范围。这种平口钳应用较为广泛。

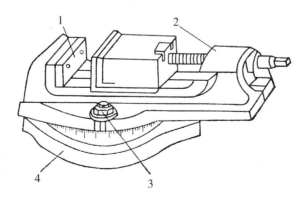

1—固定钳口；2—钳身；3—螺母；4—底座

图 3-1　回转式平口钳

平口钳的底座上有一个定位键，它能与工作台上中间的 T 形槽相配合，以提高平口钳安装的定位精度，使用时用两个 T 形螺栓把平口钳固定在工作台上；多用于装夹矩形截面的中、小型工件，也可以装夹圆柱形工件，使用非常普遍。

一般情况下，平口钳应处于工作台长度方向中间偏左，宽度方向的中间，以方便操作，如图 3－2 所示。

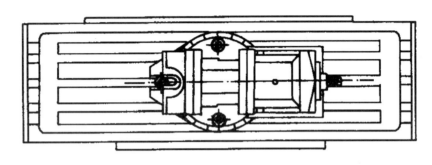

图 3－2　平口钳的安装位置

2. 平口钳的安装

将平口钳底部与工作台面擦拭干净；把平口钳安放在工作台中间的 T 型槽上，使平口钳安放位置略偏左方；双手拉动平口钳底座，使定位键向同一侧贴紧；用 T 型螺栓将平口钳压紧。

3. 平口钳的调整

加工有较高定位精度要求的工件时，钳口与主轴轴线要有较高的垂直度或平行度，这时需对平口钳的固定钳口进行校正。

校正固定钳口与主轴轴线垂直时，将磁性表座吸附在铣床横梁导轨面上，安装百分表，使表的测量杆与固定钳口平面垂直，测量触头触碰到固定钳口平面，使测量杆压缩至 0.3～0.5 mm，纵向移动工作台，观察百分表读数，同时调整平口钳，使百分表读数在固定钳口内全长一致，此时固定钳口与主轴轴线垂直，进行复检后紧固钳身，如图 3－3 所示。

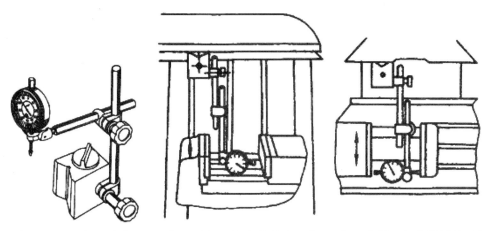

（a）磁性表座与百分表　　（b）固定钳口与主轴轴线垂直　（c）固定钳口与主轴轴线平行

图 3 - 3　用百分表校正固定钳口

用百分表校正固定钳口与主轴轴线平行时，可将磁性表座吸附在床身垂直导轨面上，横向移动工作台进行校正，校正方法与前述相同。

要求：

1. 在下表中填写平口钳的安装和调整步骤：

平口钳的安装与调整步骤		
平口钳的安装	1	
	2	
	3	
	4	
	5	
平口钳的调整	1	
	2	
	3	
	4	
	5	

2. 独立完成平口钳的安装与调整并记录。

情况记录：

这就是你将要面对的一切，开始行动吧！

_____

_____

_____

任务二 安 装 工 件

 练习：阅读安装工件的学习材料，完成相关要求。

◇◦◦◦◦◦◦◦◦◦◇ 工 件 的 安 装 ◇◦◦◦◦◦◦◦◦◦◇

在铣床上加工工件时，一般都用平口钳装夹，或用螺栓、压板把工件装夹在工作台上；大批量生产中，为了提高生产效率，可使用专用夹具来装夹。

用平口钳装夹工件时，必须将零件的基准面紧贴固定钳口或导轨面；承受铣削力的钳口最好是固定钳口；工件的余量层必须稍高出钳口，以防钳口和铣刀损坏；工件一般装夹在钳口中间，使工件装夹稳固可靠。装夹的工件为毛坯面时，应选一个大而平整的面作粗基准，将此面靠在固定钳口上，在钳口和毛坯之间垫上铜皮，防止损伤钳口。

装夹已加工零件时，应选择一个较大的平面或以工件的基准面作为基准，将基准面紧贴固定钳口，在活动钳口和工件之间放置一圆棒，这样能保证工件的基准面与固定钳口紧密贴合，如图 3-4 所示。当工件与导轨接触面为已加工面时，应在固定钳身导轨面和工件之间放置平行垫铁，夹紧工件时，可用铜锤轻击工件上表面，紧固工件后如果平行垫铁不松动，则说明工件与固定钳身导轨面贴合好，如图 3-5 所示。

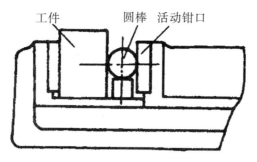

图 3-4　用圆棒夹持工件

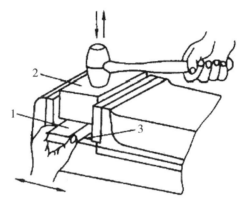

1—平行垫铁；2—工件；3—钳体导轨面

图 3-5　用平行垫铁装夹工件

当工件大于平口钳钳口张开尺寸时，其装夹方法有两种：一是用角铁装夹，二是用压板进行装夹；如图 3-6(a)所示为用角铁装夹，(b)为用角铁和压板组合装夹。

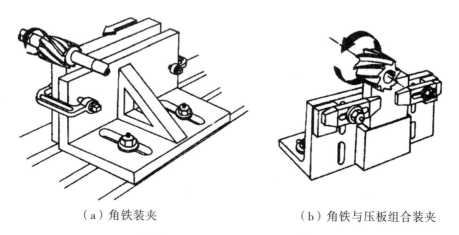

（a）角铁装夹　　　　　　　（b）角铁与压板组合装夹

图 3-6　用角铁和压板装夹

常用的压板、螺栓、垫铁见图 3-7 所示。

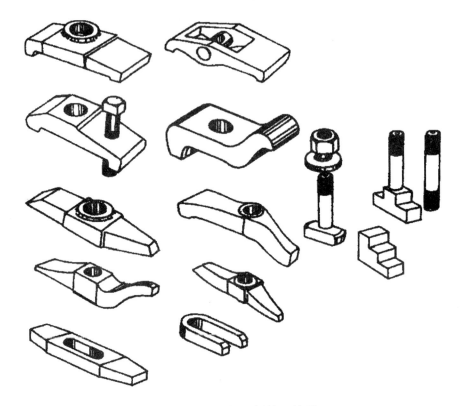

图 3-7　压板、螺栓、垫铁

压紧工件时，压板应选两块以上，将压板的一端压在工件上，一端压在垫铁上，垫铁的高度应等于或略高于压紧部位，螺栓至工件之间的距离应略小于螺栓至垫铁间的距离。

用压板装夹工件时，压板于工件的位置要适当，以免夹紧力不当而影响铣削质量或造成事故，见图 3-8 所示。

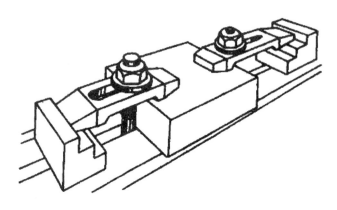

图 3-8　压板装夹位置

要求：

1. 在下表中填写平口钳及压板装夹注意事项：

平口钳及压板装夹注意事项		
平口钳装夹注意事项	1	
	2	
	3	
	4	
	5	
	6	
	7	
压板装夹注意事项	1	
	2	
	3	
	4	
	5	
	6	
	7	

2. 独立完成用平口钳装夹矩形工件并记录。

情况记录：

这就是你将要面对的一切，开始行动吧！

_____

_____

_____

_____

任务三 安装圆柱形铣刀

练习：阅读圆柱形铣刀的安装学习材料，完成相关要求。

·◦·◦·◦·◦·◦·◦· **圆柱形铣刀的安装** ·◦·◦·◦·◦·◦·◦·

如图 3-9 所示为圆柱形铣刀安装后的装配图。安装铣刀时，应尽量靠近主轴前端，以减少加工时刀轴的变形和振动，提高加工质量。

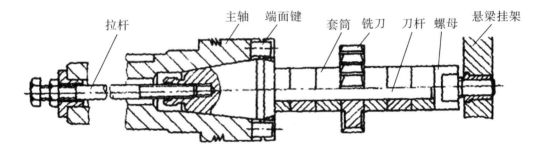

图 3-9 圆柱形铣刀安装后的装配图

根据圆柱形铣刀的规格，选择好锥柄长刀杆，如图 3-10 所示。

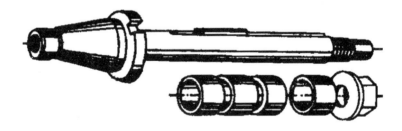

图 3-10 锥柄长刀杆

圆柱形铣刀安装步骤如下：

1. 调整横梁位置

如图 3-11 所示。先松开横梁左侧的两个螺母，转动中间带齿轮的六角轴，使横梁调整到适当的位置，紧固横梁左侧的两个螺母。

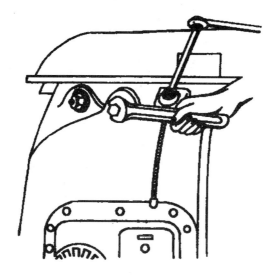

图 3-11　调整横梁位置

2. 安装铣刀杆

如图 3-12 所示，安装铣刀杆前先擦净主轴锥孔和刀杆锥柄，将刀杆装入主轴锥孔，用右手托住刀杆，左手旋入拉紧螺杆，扳紧拉紧螺杆上的螺母。

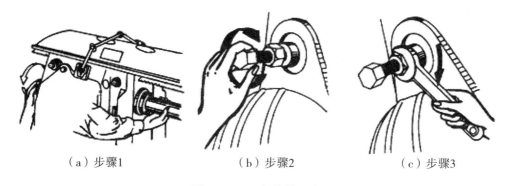

（a）步骤1　　　　　　（b）步骤2　　　　　　（c）步骤3

图 3-12　安装铣刀杆

3. 安装铣刀

如图 3-13 所示，将铣刀和垫圈的两端面擦干净，装上垫圈，使铣刀安装的位置尽量靠近主轴处，在铣刀与刀杆之间应尽量安装平键，以防铣削时铣刀松动，装上垫圈，旋入螺母。

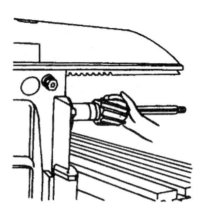

图 3-13 安装铣刀

4. 安装挂架及紧固刀杆螺母

装上挂架，如图 3-14 所示，将挂架左侧紧固螺母旋紧，调整两侧铜轴承间隙，紧固刀杆螺母，如图 3-15 所示。

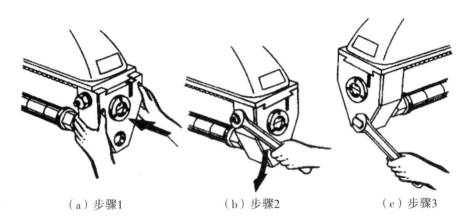

（a）步骤1　　　　　　（b）步骤2　　　　　　（c）步骤3

图 3-14 安装挂架

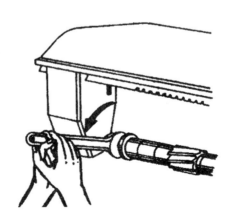

图 3-15 紧固刀杆螺母

要求：

1. 在下表中填写圆柱形铣刀的安装步骤。

圆柱形铣刀的安装步骤	
1	
2	
3	
4	

2. 独立完成圆柱形铣刀的安装并记录。

情况记录：

这就是你将要面对的一切，开始行动吧！

_____

_____

_____

_____

_____

_____

任务四　装拆及调整立铣头

 练习：阅读立铣头装拆与调整的学习材料，完成相关要求。

❖·❖·❖·❖·❖ 立铣头的装拆与调整 ❖·❖·❖·❖·❖

如图 3-16 所示，在卧式铣床上装上立铣头，使卧铣具有立铣的功能，能做到一机多用。立铣头主要组成部分有立铣头、接盘、连接齿轮。立铣的工作原理是利用卧铣的动力，通过齿轮传动来完成要求的动作，是用传动比为 1∶1 的直齿轮和一对弧形圆锥齿轮将卧铣主轴的运动传递到立铣头的主轴上。装上立铣刀，立铣主轴直立可以铣垂直面；将立铣头扳转某一角度则可以铣斜面。

图 3-16　立铣头

1. 安装立铣头

在安装前将卧式铣床横梁推回，安装时先将连接齿轮固定到卧铣的主轴上，并拉紧拉杆，使其能牢牢紧固。使立铣头向立柱靠近，待连接盘与导轨接触后，拧紧导轨的夹紧块，确保不易脱落，这时将定位销装上，再拧紧螺丝就可以了。

注意：各个紧固阶段的工作一定要做好，立铣头不牢固会直接影响后期使用！

2. 调整立铣头

一般情况下，应使立铣头主轴轴线与纵向工作台进给方向垂直。如图 3-17所示，将角形表杆固定在立铣头主轴上，百分表安装在角形表杆上，百分表的测量杆与工作台面垂直，然后使测量触头与工作台面接触，测量杆被压缩 0.3～0.5 mm，记下百分表的读数，接着旋转立铣头主轴，转过180°，再次记下读数，调整至两次读数的差值在 300 mm 长度上不大于 0.02 mm，则立铣头主轴轴线与工作台纵向进给方向垂直，最后紧固。

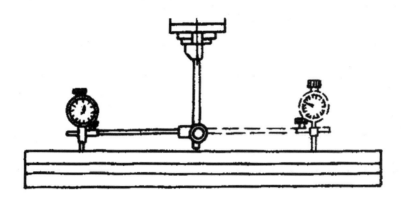

图 3-17　立铣头的调整

3. 拆卸立铣头

拆卸过程要比安装简单，首先将立铣头提起，然后拆下定位销，拧松锁紧螺丝，拆下锁紧压铁，将立铣头慢慢地移开，最后将连接齿轮拆下即可。

要求：

1. 在下表中填写立铣头的装拆和调整操作步骤：

装拆和调整立铣头操作步骤		
装拆 立铣头	1	
	2	
	3	
	4	
	5	
	6	

装拆和调整立铣头操作步骤		
调整立铣头	1	
	2	
	3	
	4	
	5	
	6	

2. 小组合作完成立铣头的拆装和调整并记录。

情况记录：

这就是你将要面对的一切，开始行动吧！

_____

_____

_____

_____

_____

任务五　安装立铣刀

 练习：阅读立铣刀的安装学习材料，完成相关要求。

◇◇◇◇◇◇◇◇　立铣刀的安装　◇◇◇◇◇◇◇◇

1. 套式端铣刀的安装

套式端铣刀的安装如图 3-18 所示。先将主轴锥孔与刀杆 1 锥柄部分擦净，将刀杆1上面的槽对准主轴端部凸键后用拉紧螺杆紧固，装上凸缘2，并使凸缘2上的键对准刀杆1上的槽；安装铣刀3，将铣刀端面及孔内擦净，使铣刀端面上的槽对准凸缘上的键；然后旋入螺钉4，用十字扳手扳紧。

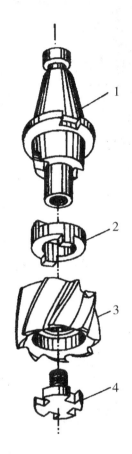

1—刀杆；2—凸缘；3—铣刀；4—螺钉

图 3-18   套式端铣刀的安装

2. 柱柄和锥柄立铣刀的安装

柱柄和锥柄立铣刀的安装如图 3-19 所示，其中(a)图为专用的快换夹套，上端柄部装入主轴锥孔中，用拉紧螺杆紧固；更换不同的弹簧套，可安装不同直径的圆柱立铣刀，将柱柄铣刀的夹持部分装入弹簧套后装入夹头体中，扳紧螺母即可。(b)图为安装锥柄立铣刀，将锥柄立铣刀装入变锥套，再将其和变锥套一同装入主轴锥孔中，并使变锥套上的槽对准主轴端部的键，用拉紧螺杆紧固即可。

 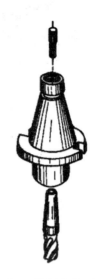

（a）专用快换夹套（柱柄）　　　（b）锥柄立铣刀

图 3-19　柱柄和锥柄立铣刀的安装

要求：

1. 在下表中填写铣刀的安装步骤：

铣刀的安装步骤		
套式端铣刀安装步骤	1	
	2	
	3	
	4	
柱柄立铣刀安装步骤	1	
	2	
	3	
	4	

铣刀的安装步骤		
锥柄 立铣刀 安装 步骤	1	
	2	
	3	
	4	

2. 小组各成员独立完成立铣刀的安装并记录。

情况记录:

这就是你将要面对的一切,开始行动吧!

项目四　铣　削　原　理

任务一　认识铣削运动

 练习：阅读以下学习材料，回答问题。

·····　铣削的基本运动　·····

铣削是在铣床上将工件固定，用高速旋转的铣刀在工件上走刀，切出需要的形状和特征。铣削时工件与铣刀的相对运动称为铣削运动，它包括主运动和进给运动，如图 4-1 所示。

主运动是切除工件表面多余材料所需的最基本的运动，直接切除工件上待切削层，使之转变为切屑的主要运动（例如铣刀的旋转运动）。

进给运动是使工件切削层材料相继投入切削，从而加工出完整表面所需的运动（例如工件的移动或回转、铣刀的移动等）。

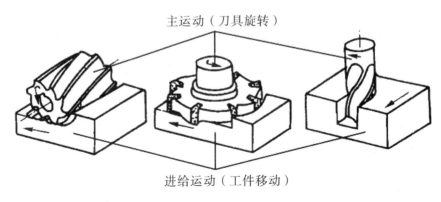

主运动（刀具旋转）

进给运动（工件移动）

图 4-1　铣削运动

问题：（小组讨论）

立式铣床与卧式铣床的主运动和进给运动有什么差异？请阐述之。

任务二 选择铣削用量

 练习：阅读以下学习材料，解答问题。

◇─◇─◇─◇─◇─◇─◇ **铣 削 用 量** ◇─◇─◇─◇─◇─◇─◇

1. 参数介绍

在铣削过程中所选用的切削用量称为铣削用量，它包括铣削速度、进给量、铣削深度和铣削宽度，如图 4-2 所示。

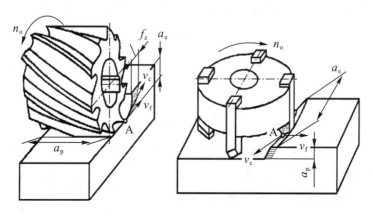

图 4-2 铣削用量示意图

1) 铣削速度 v_c

铣削速度是铣刀主运动的线速度，单位是 m/min。铣削速度即铣刀切削刃上离中心最远点的圆周速度，其与铣刀直径、铣刀转速有关。铣削速度的计算公式为

$$v_c = \frac{\pi d n}{1000}$$

式中：v_c——铣削速度，单位为 m/min；

$\quad d$——铣刀直径，单位为 mm；

$\quad n$——铣刀或铣床主轴转速，单位为 r/min。

铣削时，根据工件的材料、铣刀切削部分材料、加工阶段的性质等因素确定铣削速度，然后根据所用铣刀的规格（直径），按下式计算并确定铣床主轴的转速：

$$n = \frac{1000 v_c}{\pi d}$$

2) 进给量 f

进给量指工件相对于铣刀进给的速度，有以下三种表示方法：

（1）每转进给量 f——铣刀每回转一周在进给运动方向上相对工件的位移量，单位为 mm/r。

（2）每齿进给量 f_z——铣刀每转中每一刀齿在进给运动方向上相对工件的位移量，单位为 mm/z。

（3）进给速度（又称每分钟进给量）v_f——切削刃上选定点相对工件的进给运动的瞬时速度，即单位时间内工件与铣刀沿进给方向的相对位移。

每齿进给量是选择进给量的依据，而每分钟进给量则是调整铣床的实用数据。

三种进给量相互关联，其关系式为

$$v_f = f n = f_z z n$$

式中：v_f——进给速度，单位为 mm/min；

$\quad f$——每转进给量，单位为 mm/r；

$\quad n$——铣刀或铣床主轴转速，单位为 r/min；

$\quad f_z$——每齿进给量，单位为 mm/z；

$\quad z$——铣刀齿数。

3）铣削深度 a_p

铣削深度 a_p（又称背吃刀量）是指在平行于铣刀轴线方向上测得的切削层尺寸，即 a_p 的方向平行于铣刀轴线，单位为 mm。

4）铣削宽度 a_e

铣削宽度 a_e（又称侧吃刀量）是指在垂直于铣刀轴线方向、工件进给方向上测得的切削层尺寸，即 a_e 垂直于 a_p（铣刀轴线与工件进给方向所确定的平面），单位为 mm。

2. 选择铣削用量

选择铣削用量的依据是工件的加工精度、刀具耐用度和工艺系统的刚度。在保证产品质量的前提下，应尽量提高生产效率和降低成本。

粗铣时，工件的加工精度不高，选择铣削用量应主要考虑铣刀耐用度、铣床功率、工艺系统的刚度和生产效率。首先应选择较大的铣削深度和铣削宽度，当铣削铸件和锻件毛坯时，应使刀尖避开表面硬化层。加工铣削宽度较小的工件时，可适当加大铣削深度。铣削宽度尽量一次铣出，然后再选用较大的每齿进给量和较低的铣削速度。

半精铣适用于工件表面粗糙度要求在 Ra 值为 6.3～3.2 μm 之间。精铣时，为了获得较高的尺寸精度和较小的表面粗糙度值，铣削深度应取小些，铣削速度可适当提高，每齿进给量宜取小值。一般情况下，选择铣削用量的顺序是：先选大的铣削深度，再选每齿进给量，最后选择铣削速度。铣削宽度应尽量等于工件加工面的宽度。

综上所述，铣削用量的选择顺序如下：

因为影响刀具寿命最显著的因素是铣削速度，其次是进给量，而背吃刀量对刀具的影响最小，所以应优先采用较大的背吃刀量，其次是每齿进给量，最后才是铣削速度。

1）背吃刀量的选择

一般根据工件铣削层的尺寸来选择（如用面铣刀铣削平面时，铣刀直径一般应大于切削层宽度；用圆柱铣刀铣削平面时，铣刀长度一般应大于工件切削层宽度），当加工余量不大时，应尽量一次进给铣去全部加工余量，只有当工件表面加工精度要求较高时，才分粗铣与精铣进行。背吃刀量可按表 4-1 选取。

表 4-1 背吃刀量的选择

工件材料	高速钢铣刀		硬质合金铣刀	
	粗铣/mm	精铣/mm	粗铣/mm	精铣/mm
铸铁	5～7	0.5～1	10～18	1～2
软钢	<5	0.5～1	<12	1～2
中硬钢	<4	0.5～1	<7	1～2
硬钢	<3	0.5～1	<4	1～2

2）每齿进给量的选择

（1）粗加工时：根据铣床进给机构的强度、刀杆强度、刀齿强度、机床及夹具的刚度来确定，在许可条件下，应尽量选大点。

（2）精加工时：为减少机床振动，保证表面粗糙度，一般应选较小的进给量。

每齿进给量可按表 4-2 选取。

表 4-2 每齿进给量的选择

刀具名称	高速钢铣刀		硬质合金铣刀	
	铸铁/mm	钢件/mm	铸铁/mm	钢件/mm
圆柱铣刀	0.12～0.2	0.1～0.15	0.2～0.5	0.08～0.20
立铣刀	0.08～0.15	0.03～0.06	0.2～0.5	0.08～0.20
套式端铣刀	0.15～0.2	0.06～0.10	0.2～0.5	0.08～0.20
三面刃铣刀	0.15～0.25	0.06～0.08	0.2～0.5	0.08～0.20

3）铣削速度的选择

（1）粗铣时，必须考虑铣床许用功率。

（2）精铣时，要考虑合理切削速度，以抑制积屑瘤产生。

铣削速度可按表 4-3 选取。

表 4 – 3　铣削速度的选择

工件材料	切削速度/(m/min)		说　明
	高速钢铣刀	硬质合金钢铣刀	
20	20～45	150～190	1. 粗铣时取小值,精铣时取大值;
45	20～35	120～150	
40Cr	15～25	60～90	2. 工件材料强度和硬度较高时取小值,反之取大值;
HT150	14～22	70～100	
黄铜	30～60	120～200	3. 刀具材料耐热性好时取大值,反之取小值
铝合金	112～300	400～600	
不锈钢	16～25	50～100	

问题:

1. 用直径为 63 mm、齿数为 6 的圆柱铣刀铣平面,被加工材料为 45 钢,试确定铣床主轴转速和进给速度。

2. 用直径为 8 mm 的高速钢键槽铣刀铣键槽,被加工材料为 45 钢,试确定铣床主轴转速和进给速度。

任务三 区分铣削方式

练习：阅读以下学习材料，回答问题。

◇◦◦◦◦◦◦◦◦• 铣 削 方 式 •◦◦◦◦◦◦◦◦◇

1. 周铣法（用圆柱铣刀加工平面）

如图 4-3 所示为逆铣与顺铣。

（1）逆铣：铣刀切入工件时的切削速度方向与工件的进给方向相反。

（2）顺铣：铣刀切入工件时的切削速度方向与工件的进给方向相同。

判断 1：铣刀切进工件时形成的切屑由厚变薄是顺铣，由薄变厚是逆铣。

判断 2：工件的进给方向和刀具的旋转方向一致为顺铣，相反则为逆铣。

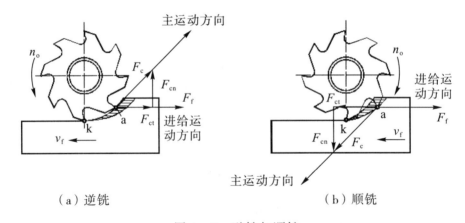

（a）逆铣 （b）顺铣

图 4-3 逆铣与顺铣

逆铣与顺铣的区别如表 4-4 所示。

表 4-4　逆铣与顺铣的区别

比较内容	逆　铣	顺　铣
切削运动	切削方向与进给方向相反	切削方向与进给方向相同
切屑厚度	由薄变厚	由厚变薄
刀具磨损	有滑擦，磨损快	刀齿易切入，寿命长
作用力	垂直分力使工件上抬，不利于夹紧工件；水平分力与进给反向，消除了丝杠间隙，进给平稳（见图 4-4 (a)）	垂直分力使工件下压，有利于夹紧工件；水平分力与进给同向，由于存在丝杠间隙（见图 4-4(b)），工作台会前窜，造成啃刀或打刀
表面质量	表面粗糙	表面光洁
使用情况	常用	无间隙进给机床采用

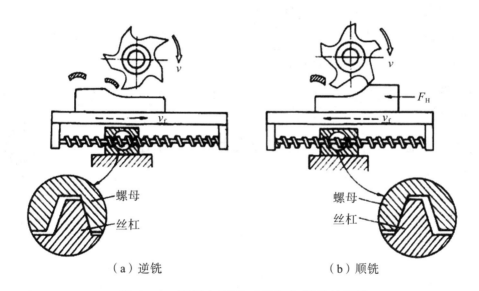

（a）逆铣　　　　　　　　（b）顺铣

图 4-4　逆铣与顺铣时丝杠与螺母的间隙

周铣法的特点有：

（1）周铣时采用圆柱形铣刀，刀杆细长，刚性较差；

（2）周铣只有一到两个刀齿参与切削，故切削平稳性较差，加工质量不高；

（3）铣刀直径小，铣切宽度较窄（取决于铣刀宽度），故加工效率不高，所以大批、大量生产中加工平面一般不采用周铣；

（4）周铣适应性较好，可以加工平面、各种沟槽等。

2. 端铣法(用面铣刀加工平面)

端铣法如图 4 - 5 所示,有对称铣、不对称铣两种形式。

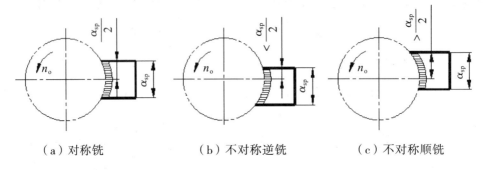

（a）对称铣　　　　　（b）不对称逆铣　　　　　（c）不对称顺铣

图 4 - 5　面铣刀的铣削方式

端铣法主要有以下特点:

(1) 端铣法刀杆刚性好,可用大切削用量铣削,效率较周铣法的高;

(2) 端铣时有多个切削刃同时切削,切削平稳性好;

(3) 端铣刀齿有修光过渡刃和副刀刃,加工质量较好;

(4) 端铣刀结构简单,可镶嵌硬质合金刀片;

(5) 端铣适应性较差,一般用于加工大平面。

问题:

逆铣与顺铣各有什么优缺点? 请结合加工实例阐述之。

任务四 选择切削液

 练习： 阅读以下学习材料，回答问题。

切 削 液

切削液具有冷却和润滑作用，它能迅速带走切削区的热量，减小刀具与工件之间的摩擦，降低切削力，提高工件表面质量和刀具耐用度。此外，切削液还具有清洗、防锈作用，能把工件表面的碎屑、污物冲走，保持工件表面干净。

常用切削液有水溶液、乳化液（水基）和切削油（油基）等。

1. 乳化液

乳化液是由乳化油用水稀释而成的乳白色液体。

2. 切削油

切削油主要是矿物油，其他还有动、植物油和复合油（以矿物油为基础，添加 5%～30% 混合植物油）等。

选用切削液时应根据工件材料、刀具材料和加工性质来确定，通常考虑以下几方面：

（1）粗加工时，金属切除量大，产生热量多，切削温度高，对加工表面质量要求不高，此时应采用以冷却为主的切削液。精加工时，对工件表面质量要求较高，并希望铣刀耐用，金属切除量小，产生热量少，对冷却作用的要求不高，此时应采用以润滑为主的切削液。

（2）当加工铸铁，使用硬质合金刀具时，可不加切削液，但铣削钢等塑性材料时则需用切削液。

（3）铣削高强度钢、不锈钢、耐热钢等难切削材料时，应选用极压切削油或极压乳化液。

（4）用高速钢铣刀铣削时，因高速钢热硬性较差，应采用切削液；硬质合金铣刀作高速切削时一般不用切削液，以免刀片因骤冷而碎裂。

一般可按表4-5选择切削液。

表 4-5　切削液的选用

加工材料	铣 削 种 类	
	粗　铣	精　铣
碳钢	乳化液、苏打水	乳化液（低速时质量分数为10％～15％，高速时质量分数为5％）、极压乳化液、复合油、硫化油等
合金钢	乳化液、极压乳化液	乳化液（低速时质量分数为10％～15％，高速时质量分数为5％）、极压乳化液、复合油、硫化油等
不锈钢及耐热钢	乳化液、极压切削油、硫化乳化液、极压乳化液	氯化煤油 煤油加25％植物油 煤油加20％松节油和20％油酸、极压乳化液 硫化油（柴油加20％脂肪和5％硫磺）、极压切削油
铸钢	乳化液、极压乳化液、苏打水	乳化液、极压切削油 复合油
青铜黄铜	一般不用，必要时用乳化液	乳化液 含硫极压乳化液
铝	一般不用，必要时用乳化液、复合油	柴油、复合油 煤油、松节油
铸铁	一般不用，必要时用压缩空气或乳化液	一般不用，必要时用压缩空气或乳化液或极压乳化液

问题：

铣削 45、Q235、40Cr、0Cr18Ni9、HT200、QSn4 - 3、L3
钢材料时分别用什么类型的切削液？请简明扼要分析之。

项目五　铣 削 加 工

任务一　铣 平 面

一、用圆柱形铣刀铣平面

练习：阅读如下学习材料，完成相关要求。

1. 铣削零件图

如图 5-1 所示为本任务的铣削零件图。

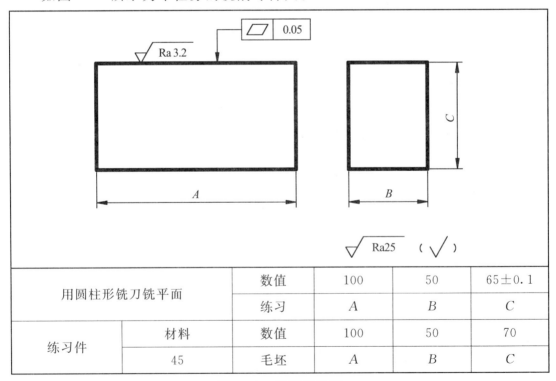

用圆柱形铣刀铣平面		数值	100	50	65±0.1
		练习	A	B	C
练习件	材料	数值	100	50	70
	45	毛坯	A	B	C

图 5-1　铣削零件图

2. 铣削示意图

如图 5-2 所示，圆柱形铣刀铣平面是利用铣刀周铣平面。

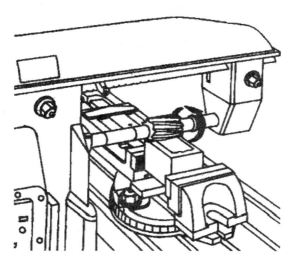

图 5-2　圆柱形铣刀铣平面

3. 操作步骤与检查内容(见表 5-1)

表 5-1　操作步骤与检查内容

操 作 步 骤	检查内容
(1) 看图并检查毛坯尺寸，计算加工余量	$100 \times 50 \times 70$
(2) 选用螺旋圆柱铣刀，选择合适的刀杆，将铣刀装在刀杆中间，并靠近机床床身	$\phi 80 \times 63 \times \phi 32$ $Z=8$
(3) 选用平口钳装夹工件，校正固定钳口使其与横向进给方向平行，然后紧固	调整正确
(4) 将工件放在钳口内，垫上平行垫铁，夹紧并检查工件与垫铁是否贴紧	正确装夹
(5) 选择合适的铣削用量，将主轴变速箱和进给变速箱上各手柄扳至所需位置	计算、查阅手册

操 作 步 骤	检查内容
（6）对刀调整：调整工作台，使工件位于铣刀下方，紧固横向工作台；启动机床，摇动垂向手柄，使工件上升擦至铣刀，在垂向刻度盘上做好记号；操纵手柄，使工件先垂向后纵向退出	准确对刀
（7）粗铣平面：摇动垂向手柄，调整铣削深度，留 0.5 mm 左右为精铣余量（如余量过大，可分几次完成）；摇动纵向手柄，使工件靠近铣刀至相互接触，打开切削液，纵向机动进给完成粗铣；停机，关闭切削液，使工件先垂向后纵向退出	正确操作
（8）精铣平面：测量工件，确定精铣余量；调整转速和进给量，用前述方法精铣平面；停机，关闭切削液，拆卸工件	查阅手册
（9）去毛刺，测量工件，如不符合要求，须重新铣削，直至满足图样要求	尺寸、Ra3.2平面度

4. 注意事项

（1）铣削前应精确校正工作台零位。

（2）夹紧工件后，平口钳扳手应取下。

（3）选择主轴旋向时，注意顺铣和逆铣的区别。

（4）不使用的进给机构应紧固，进给完毕后应松开。

（5）铣削中，不准用手摸工件和铣刀，不准测量工件，不准变换工作台进给量。

（6）铣削钢件时应加切削液。

（7）铣削中，不能停止铣刀旋转和工作台机动进给，以免损坏刀具或啃伤工件；因故必须停机时，应先降落工作台，再停止铣刀旋转和工作台机动进给。

（8）进给结束后，工件不能在铣刀旋转的情况下退回，应先降工作台，再退刀。

（9）粗加工时可选择粗齿铣刀，精加工时可选择细齿铣刀。

要求：

1. 在下表中填写用圆柱形铣刀铣平面的对刀调整步骤：

对刀调整步骤	
1	
2	
3	
4	
5	
6	
7	
8	
9	
10	

2. 独立完成用圆柱形铣刀铣平面并记录。

情况记录：

这就是你将要
面对的一切，
开始行动吧！

请阅读并理解以下信息

你应学习独立思考一项任务并随后在实践中去完成这项任务。很多要素从整体上影响你的学习过程。对自学的辅助不仅限于职业教育的最终阶段，更是囊括了从最初开始学习的整个培训时间。作为未来的专业技术工人，由于科技的发展以及与此相关的要求，你必须学会：

• 开辟信息源，并迅速掌握新的知识；

• 独自制定工作计划；

• 做出与职能相关的决定；

• 专业化地完成工作任务；

• 保证工作质量。

首先你要勾勒出一幅有关你的任务的目标和途径的准确的图画。将你的创意、想法、操作步骤始终以关键词的形式记录下来，以便最后能够出色地制定计划并详细地思考自己的工作方式。你应该继续仔细研究用于优化计划的必要的信息，并和你的同伴一同决定如何将工作付诸实践。此外，在工作期间及完成工作之后，还应该检查是否已经正确执行此项工作。最后，对整个进程进行讨论，与同伴一同尝试找出自己的缺点并发扬自己的长处。由此，在一个完整的操作过程结束后你又可重新开始新一轮的学习并更上一层楼。

二、用套式端铣刀铣平面

 练习：阅读如下学习材料，完成相关要求。

1. 铣削零件图

如图 5 - 3 所示为本任务的铣削零件图。

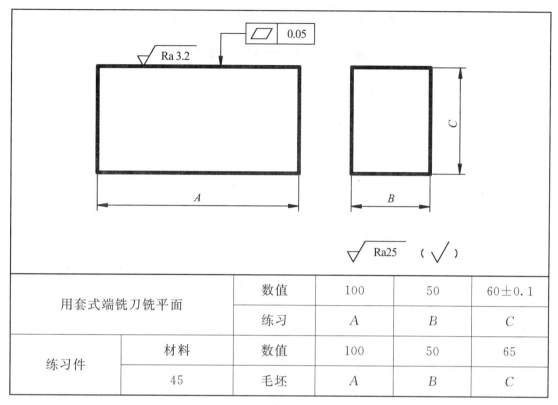

用套式端铣刀铣平面		数值	100	50	60±0.1
		练习	A	B	C
练习件	材料	数值	100	50	65
	45	毛坯	A	B	C

图 5-3　铣削零件图

2. 铣削示意图

用套式端铣刀铣平面，如图 5-4 所示，是用铣刀端铣平面。

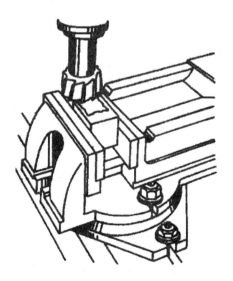

图 5-4　用套式端铣刀铣平面

3. 操作步骤与检查内容(表 5 - 2)

表 5 - 2　操作步骤与检查内容

操 作 步 骤	检 查 内 容
(1) 看图并检查毛坯尺寸,计算加工余量	$100 \times 50 \times 65$
(2) 安装并校正立铣头,选用套式端铣刀,选择合适的刀杆安装铣刀	$d = 80$,$Z = 10$
(3) 选用平口钳装夹工件,校正固定钳口使其与横向进给方向平行,然后紧固	调整正确
(4) 将工件放在钳口内,垫上平行垫铁,夹紧并检查工件与垫铁是否贴紧	正确装夹
(5) 选择合适的铣削用量,将主轴变速箱和进给变速箱上各手柄扳至所需位置	计算、查阅手册
(6) 对刀调整:调整工作台,使工件位于铣刀下方,紧固横向工作台;启动机床,摇动垂向手柄,使工件上升擦至铣刀,在垂向刻度盘上做好记号;操纵手柄,使工件先垂向后纵向退出	准确对刀
(7) 粗铣平面:摇动垂向手柄,调整铣削深度,留 0.5 mm 左右为精铣余量;摇动纵向手柄,使工件靠近铣刀直至接触,打开切削液,纵向机动进给完成粗铣;停机,关闭切削液,使工件先垂向后纵向退出	正确操作
(8) 精铣平面:测量工件,确定精铣余量,调整主轴转速和进给量,用前述方法精铣平面;停机,关闭切削液,拆卸工件	查阅手册
(9) 去毛刺,测量工件,如不符合要求,须重新铣削,直至满足图样要求	尺寸、Ra3.2 平面度

4. 注意事项

(1) 铣削时,必须校正立铣头主轴轴线与工作台面的垂直度。

(2) 铣削时,尽量采用不对称逆铣,以免工件窜动。

(3) 铣削时,应注意消除丝杠和螺母间隙对移动尺寸的影响。

(4) 调整铣削深度时,如余量过大,可分几次完成进给。

（5）及时用锉刀修整工件上的毛刺和锐边。

要求：

1. 在下表中填写用套式端铣刀铣平面的对刀调整步骤。

对刀调整步骤	
1	
2	
3	
4	
5	
6	
7	
8	
9	
10	

2. 独立完成用套式端铣刀铣平面并记录。

情况记录：

这就是你将要面对的一切，开始行动吧！

_____

_____

_____

_____

三、铣矩形零件

 练习：阅读以下学习材料，完成相关要求。

1. 铣削零件图

如图 5-5 所示为本任务的铣削零件图。

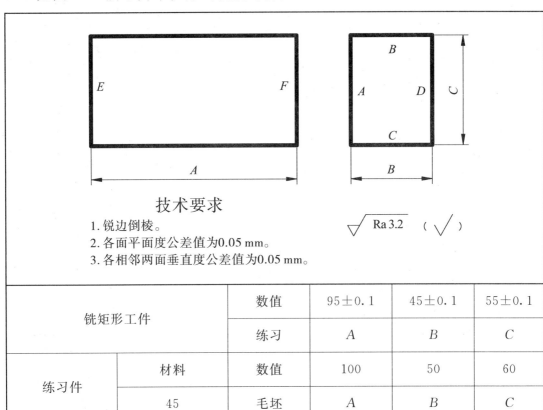

技术要求

1. 锐边倒棱。
2. 各面平面度公差值为0.05 mm。
3. 各相邻两面垂直度公差值为0.05 mm。

$\sqrt{}$ Ra 3.2 　（$\sqrt{}$ ）

铣矩形工件	数值	95±0.1	45±0.1	55±0.1
	练习	A	B	C
练习件	材料	数值	100	50	60

练习件	材料	数值	100	50	60
	45	毛坯	A	B	C

图 5-5　铣削零件图

2. 铣削示意图

铣削矩形零件步骤如图 5-6 所示，分六个步骤，具体如图(a)～(f)所示。

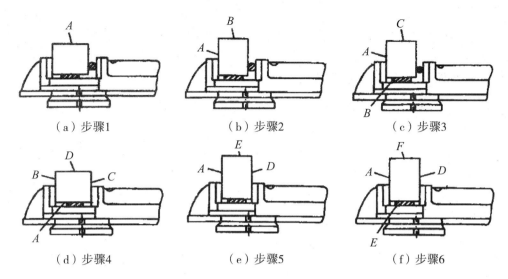

（a）步骤1　　　　　　（b）步骤2　　　　　　（c）步骤3

（d）步骤4　　　　　　（e）步骤5　　　　　　（f）步骤6

图 5-6　铣削矩形零件步骤

3. 操作步骤与检查内容（表 5-3）

表 5-3　操作步骤与检查内容

操 作 步 骤	检查内容
（1）看图并检查毛坯尺寸，计算加工余量	100×50×60
（2）选用套式端铣刀，安装并校正立铣头，选择合适的刀杆安装铣刀	$d=80$，$Z=10$
（3）选用平口钳装夹工件，校正固定钳口使其与横向进给方向平行，与工作台面垂直，然后紧固	正确装夹
（4）选择合适的铣削用量，将主轴变速箱和进给变速箱上各手柄扳至所需位置	计算、查阅手册
（5）铣 A 面：如图 5-6(a)所示。 ① 以 B 面为粗基准，靠向固定钳口，下方垫上平行垫铁，在活动钳口处放置一圆棒，夹紧。 ② 按前述铣平面方法对刀调整，留 0.5 mm 左右为精铣余量，纵向机动进给完成粗、精铣削，保证 Ra3.2；取下工件，去毛刺	正确操作

操 作 步 骤	检查内容
（6）铣 B 面：如图 5 - 6(b)所示。 ① 以 A 面为精基准靠在固定钳口上，按铣 A 面的方法装夹工件。 ② 按前述方法粗、精铣 B 面，保证 Ra3.2；取下工件，去毛刺，检查 A 面与 B 面的垂直度，如不符合要求，应重新校正固定钳口，再进行铣削至要求尺寸	正确操作
（7）铣 C 面：如图 5 - 6(c)所示。 ① 以 A 面为精基准靠在固定钳口上，并使 B 面紧靠平行垫铁，按铣 B 面的方法装夹工件。 ② 按前述方法粗、精铣 C 面，保证尺寸 55±0.1 及 Ra3.2；取下工件，去毛刺，检查 C 面与 A 面的垂直度	正确操作
（8）铣 D 面：如图 5 - 6(d)所示。 ① 以 B 面为精基准靠在固定钳口上，并使 A 面紧靠平行垫铁，直接夹紧工件。 ② 按前述方法粗、精铣 D 面，保证尺寸 45±0.1 及 Ra3.2，取下工件，去毛刺	正确操作
（9）铣 E 面：如图 5 - 6(e)所示。 ① 以 A 面为精基准，与固定钳口贴紧，预紧工件，找正 B 面与导轨面垂直，夹紧工件。 ② 按前述方法粗、精铣 E 面，保证 Ra3.2；取下工件，去毛刺，检查 A 面和 B 面对 E 面的垂直度，如误差较大，需重新找正，再进行铣削至要求尺寸	正确操作
（10）铣 F 面：如图 5 - 6(f)所示。 ① 以 A 面为精基准，与固定钳口贴紧，并使 E 面紧靠平行垫铁，夹紧工件。 ② 按前述方法粗、精铣 F 面，保证尺寸 95±0.1 及 Ra3.2。 ③ 停机，关闭切削液，拆卸工件	正确操作
（11）去毛刺，测量工件，检查垂直度、平行度和尺寸精度，若不符合要求，应重新铣削至图样要求尺寸	尺寸、平面度 垂直度、Ra3.2

4. 注意事项

（1）及时用锉刀修整工件上的毛刺和锐边，但不要锉伤工件上已加工的表面。

（2）加工时可用先粗铣一刀再精铣一刀的方法来提高表面加工质量。

（3）用手锤轻击工件时，不要砸伤已加工表面。

（4）铣钢件时应用切削液。

要求：

1. 在下表中填写铣矩形工件的工艺步骤：

铣矩形工件工艺步骤	
1	
2	
3	
4	
5	
6	

2. 独立完成铣矩形工件的任务并记录。

情况记录：

这就是你将要面对的一切，开始行动吧！

_____

_____

_____

_____

_____

任务二　铣　斜　面

一、转动工件角度铣斜面

练习：阅读如下学习材料，完成相关要求。

1. 铣削零件图

本任务的铣削零件图如图 5-7 所示。

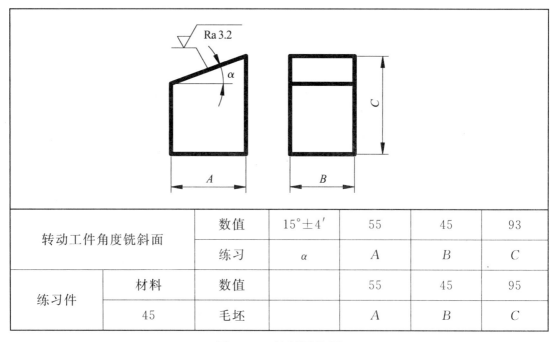

转动工件角度铣斜面		数值	15°±4′	55	45	93
		练习	α	A	B	C
练习件	材料	数值		55	45	95
	45	毛坯		A	B	C

图 5-7　铣削零件图

2. 铣削示意图

转动工件角度铣斜面，如图 5-8 所示，先划角度线，然后找正斜面的水平位置，用圆柱铣刀进行铣削。

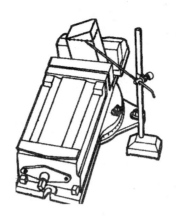

图 5-8 转动工件角度铣斜面

3. 操作步骤与检查内容(表 5-4)

表 5-4 操作步骤与检查内容

操作步骤	检查内容
(1)看图、检查毛坯尺寸并划出斜面的轮廓线	$55 \times 45 \times 95$
(2)选用螺旋圆柱铣刀及合适的刀杆,将铣刀安装在刀杆上,尽量靠近铣床主轴	$\phi 80 \times 80 \times \phi 32$ $Z=8$
(3)选用平口钳装夹工件,校正固定钳口使其与横向进给方向平行,然后紧固	调整正确
(4)将工件放在钳口内预紧,用划针盘校正斜面轮廓线使其与工作台面平行,夹紧工件	正确装夹
(5)选择合适的铣削用量,将主轴变速箱和进给变速箱上各手柄扳至所需位置	计算、查阅手册
(6)对刀调整:调整工作台,使工件位于铣刀下方,紧固横向工作台;启动机床,摇动垂向手柄至铣刀与工件最高点接触,在垂向刻度盘上做好记号,使工件先垂向后纵向退出	准确对刀
(7)粗铣斜面:摇动垂向手柄,调整铣削深度,留 1 mm 左右为精铣余量;摇动纵向手柄,使工件靠近铣刀直至接触,打开切削液,纵向机动进给完成粗铣;停机,关闭切削液,使工件先垂向后纵向退出;去毛刺,测量工件角度 α,若不符合要求,需重新校正,铣削至要求尺寸	正确操作
(8)精铣斜面:调整转速和进给量,适当提高铣削速度,减小进给量;用前述方法精铣平面;停机,关闭切削液,拆卸工件	查阅手册
(9)去毛刺,测量工件,检测后若不符合要求,应重新铣削至图样要求尺寸	尺寸 角度、Ra3.2

4. 注意事项

（1）斜面划线应准确清晰。

（2）夹紧工件后，平口钳扳手应取下。

（3）选择主轴旋向时，注意顺铣和逆铣的区别。

（4）不使用的进给机构应紧固，进给完毕后应松开。

（5）铣削中，不准用手摸工件和铣刀，不准测量工件，不准变换工作台进给量。

（6）铣削钢件时应加切削液。

（7）铣削中，不能停止铣刀旋转和工作台机动进给，以免损坏刀具，啃伤工件；因故必须停机时，应先降落工作台，再停止铣刀旋转和工作台机动进给。

（8）进给结束后，工件不能在铣刀旋转的情况下退回，应先降工作台，再退刀。

（9）粗加工时可选择粗齿铣刀，精加工时可选择细齿铣刀。

（10）调整铣削深度时，如余量过大，可分几次完成进给。

要求：

1. 在下表中填写转动工件角度铣斜面时工件的调整及装夹步骤：

工件调整及装夹步骤	
1	
2	
3	
4	
5	
6	
7	
8	

2. 独立完成转动工件角度铣斜面的任务并记录。

情况记录：

_____

_____

_____

二、铣六角形工件

 练习：阅读以下学习材料，完成相关要求。

1. 铣削零件图

本任务的铣削零件图如图 5-9 所示。

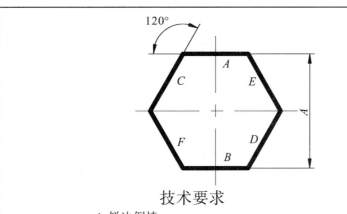

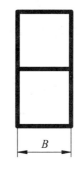

技术要求

1. 锐边倒棱。
2. 各面平面度公差值为0.05 mm。

3. 各对面平行，平行度公差值为0.05 mm。
4. 六面与两端面的垂直度公差值为0.05 mm。

铣六角形工件		数值	$120°±4^1$	$45±0.05$
		练习	α	A
练习件	材料	数值	$\phi53$	30
	45	毛坯	圆钢	B

图 5-9　铣削零件图

2. 铣削示意图

铣六角形工件如图 5-10 所示，分六个步骤，分别对应图(a)～(f)。

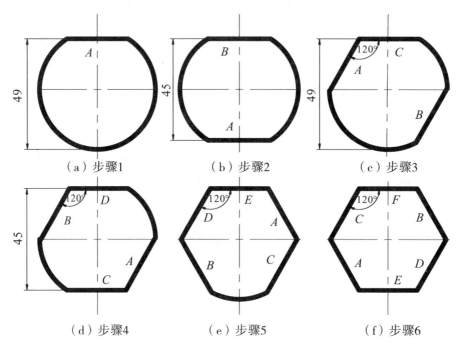

图 5-10　铣六角形工件步骤

3. 操作步骤与检查内容(表 5-5)

表 5-5　操作步骤与检查内容

操　作　步　骤	检查内容
(1) 看图并检查毛坯尺寸，计算加工余量	$\phi53\times30$
(2) 选用螺旋圆柱铣刀，选择合适的刀杆，将铣刀安装在刀杆上，尽量靠近铣床主轴	$\phi80\times80\times\phi32$ $Z=8$
(3) 选用平口钳装夹工件，校正固定钳口使其与横向进给方向平行，然后紧固	调整正确
(4) 选择合适的铣削用量，将主轴变速箱和进给变速箱上各手柄扳至所需位置	计算、查阅手册

操 作 步 骤	检查内容
（5）铣削： ① 用铣平面的方法粗、精铣 A 面，保证尺寸 49，取下工件，去毛刺； ② 用铣平面的方法粗、精铣 B 两面，保证尺寸 45 及平行度，取下工件，去毛刺； ③ 划出 C、D 面的角度线； ④ 将工件放在钳口内，找正 C 面进行粗、精铣，保证尺寸 49、C 面与 A 面的夹角为 120°，取下工件，去毛刺； ⑤ 以 C 面为水平基准，粗、精铣削 D 面，保证 D 面与 B 面的夹角为 120°、尺寸 45 及平行度，取下工件，去毛刺； ⑥ 划出 E、F 面的线； ⑦ 将工件放在钳口内，找正 E 面粗、精铣削，保证尺寸 49 和 D 与 E 面的夹角，取下工件，去毛刺； ⑧ 以 E 面为水平基准，粗、精铣削 F 面，保证 F 面与 C 面的夹角、尺寸 45 及平行度，取下工件； ⑨ 停机，关切削液	正确操作
（6）去毛刺，测量工件，检测后若不符合要求，应重新铣削至图样要求尺寸	平面度、平行度、垂直度、尺寸、角度 Ra3.2

4. 注意事项

（1）铣削时切削力应指向平口钳的固定钳口。

（2）不使用的进给机构应紧固，工作完毕后应松开。

（3）加工时可用粗铣一刀再精铣一刀的方法，以提高表面加工质量。

（4）铣削中，不准用手摸工件和铣刀，不准测量工件，不准变换工作台进给量。

（5）测量时应及时用锉刀修整工件上的毛刺和锐边。

要求：

1. 在下表中填写铣六角形工件的工艺步骤：

铣六角形工艺步骤	
1	
2	
3	
4	
5	
6	
7	
8	

2. 铣六角形工件并记录。

情况记录：

这就是你将要
面对的一切，
开始行动吧！

_____

_____

_____

_____

_____

三、调整主轴角度铣斜面

 练习：阅读以下学习材料，完成相关要求。

1. 铣削零件图

本任务的铣削零件图如图 5-11 所示。

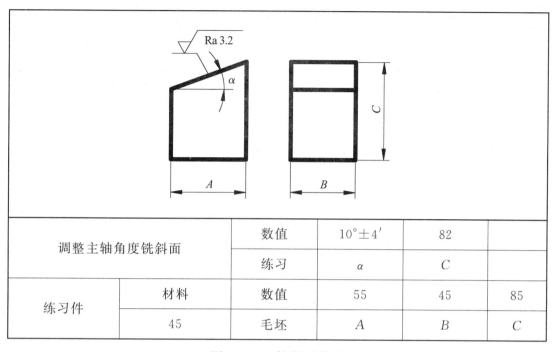

调整主轴角度铣斜面		数值	10°±4′	82	
		练习	α	C	
练习件	材料	数值	55	45	85
	45	毛坯	A	B	C

图 5-11 铣削零件图

2. 铣削示意图

调整主轴角度铣斜面，如图 5-12 所示。先调整立铣头至一定角度，然后进行铣削。

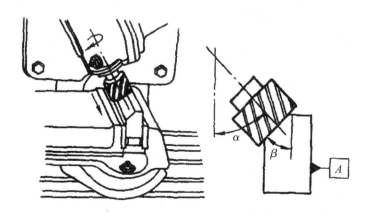

图 5-12 调整主轴角度铣斜面

3. 操作步骤与检查内容(表 5-6)

表 5-6　操作步骤与检查内容

操作步骤	检查内容
(1) 看图并检查毛坯尺寸,计算加工余量	$55 \times 45 \times 85$
(2) 选用锥柄立铣刀,将铣刀装入立铣头锥孔中,调整立铣头与垂向夹角为 α	$\phi 14,Z=3$
(3) 选用平口钳装夹工件,校正固定钳口使其与纵向进给方向平行,然后紧固	调整正确
(4) 将工件放在钳口内,垫上平行垫铁,夹紧并检查工件与垫铁是否贴紧	正确装夹
(5) 选择合适的铣削用量,将主轴变速箱和进给变速箱上各手柄扳至所需位置	计算、查阅手册
(6) 对刀调整:调整工作台,使铣刀周刃与工件端面交角处接触,在纵向刻度盘上做好记号,操纵手柄,使工件横向退出	准确对刀
(7) 粗铣斜面:计算纵向铣削余量;摇动纵向手柄,调整铣削深度,留 1 mm 左右为精铣余量,紧固纵向工作台;摇动横向手柄,使工件靠近铣刀直至接触,打开切削液,横向机动进给完成粗铣;退出工件,去毛刺,测量工件角度 α,若不符合要求,需重新调整,粗铣至要求尺寸	正确操作
(8) 精铣斜面:调整转速和进给量,可适当提高铣削速度,减小进给量,用前述方法精铣斜面;停机,关闭切削液,拆卸工件	查阅手册
(9) 去毛刺,测量工件,若不符合要求则继续铣削	尺寸、角度 Ra3.2

4. 注意事项

(1) 铣削时,必须认真校正立铣头主轴轴线与工作台面的角度。

(2) 铣削时注意铣刀的旋转方向是否正确。

(3) 调整铣削深度时,如余量过大,可分几次完成进给。

(4) 不使用的进给机构应紧固,工作完毕后应松开。

（5）测量时应及时用锉刀修整工件上的毛刺和锐边。

要求：

1. 在下表中填写调整主轴角度的步骤：

调整主轴角度步骤	
1	
2	
3	
4	
5	
6	
7	
8	

2. 调整主轴角度铣斜面并记录。

情况记录：

这就是你将要面对的一切，开始行动吧！

_____

_____

_____

_____

_____

_____

任务三　铣　阶　台

一、用三面刃铣刀铣阶台

练习：阅读以下学习材料，完成相关要求。

1. 铣削零件图

本任务的铣削零件图如图 5-13 所示。

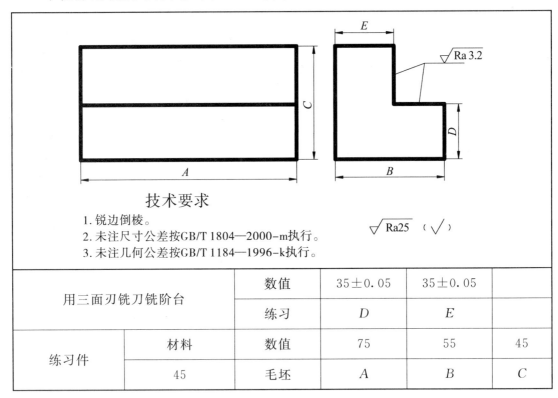

技术要求
1. 锐边倒棱。
2. 未注尺寸公差按GB/T 1804—2000-m执行。
3. 未注几何公差按GB/T 1184—1996-k执行。

$\sqrt{Ra25}$ （$\sqrt{}$）

用三面刃铣刀铣阶台		数值	35±0.05	35±0.05	
		练习	D	E	
练习件	材料	数值	75	55	45
	45	毛坯	A	B	C

图 5-13　铣削零件图

2. 铣削示意图

用三面刃铣刀铣阶台，如图 5-14 所示。

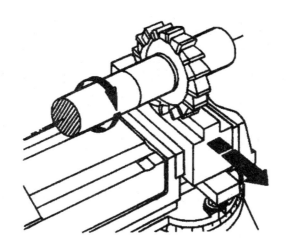

图 5 - 14　用三面刃铣刀铣阶台

3. 操作步骤与检查内容(表 5 - 7)

表 5 - 7　操作步骤与检查内容

操　作　步　骤	检查内容
(1) 看图并检查毛坯尺寸,计算加工余量	$75 \times 55 \times 45$
(2) 选用三面刃铣刀,选择合适的刀杆,将铣刀安装在刀杆的中间位置并夹紧	$\phi100 \times 22 \times 27$ $Z = 20$
(3) 选用平口钳装夹工件,校正固定钳口使其与纵向进给方向平行,然后紧固	调整正确
(4) 将工件放在钳口内,垫上平行垫铁,夹紧并检查工件与垫铁是否贴紧	正确装夹
(5) 选择合适的铣削用量,将主轴变速箱和进给变速箱上各手柄扳至所需位置	计算、查阅手册
(6) 对刀调整:启动机床,操纵手柄,使工件上表面擦至铣刀周刃上,在垂向刻度盘上做好记号,使工件先垂向后横向退出;操纵手柄,使铣刀端面齿刃擦至工件侧面,在横向刻度盘上做好记号,然后先横向后纵向退出	准确对刀

续表

操　作　步　骤	检查内容
（7）粗铣阶台：摇动垂向手柄，调整铣削深度，留0.5 mm左右为精铣余量；摇动横向手柄，调整铣削宽度，留0.5 mm左右为精铣余量，紧固横向工作台；启动机床，打开切削液，纵向机动进给完成粗铣；停机，关闭切削液，使工件先垂向后纵向退出	正确操作
（8）精铣阶台：测量工件，确定精铣余量；松开横向工作台，操纵手柄，调整铣削深度和铣削宽度（全部余量），紧固横向工作台；调整转速和进给量，用前述方法精铣平面；停机，关闭切削液，拆卸工件	查阅手册
（9）去毛刺，测量工件，检测后若不符合要求，应重新铣削至图样要求尺寸	尺寸 Ra3.2

4. 注意事项

（1）平口钳的固定钳口应校准好。

（2）选择的垫铁应平行，铣削时工件和垫铁应清理干净。

（3）铣削时应校正工作台零位，并使铣刀侧面与工作台进给方向平行。

（4）铣削时，进给量和背吃刀量不能太大，铣削钢件时必须加切削液。

要求：

1. 在下表中填写用三面刃铣刀铣阶台的对刀调整步骤：

对刀调整步骤	
1	
2	
3	
4	
5	
6	
7	
8	

2. 独立用三面刃铣刀铣阶台，并记录。

情况记录：

———————————————————————

———————————————————————

———————————————————————

———————————————————————

二、用立铣刀铣阶台

 练习：阅读以下学习材料，完成相关要求。

1. 铣削零件图

本任务的铣削零件图如图 5-15 所示。

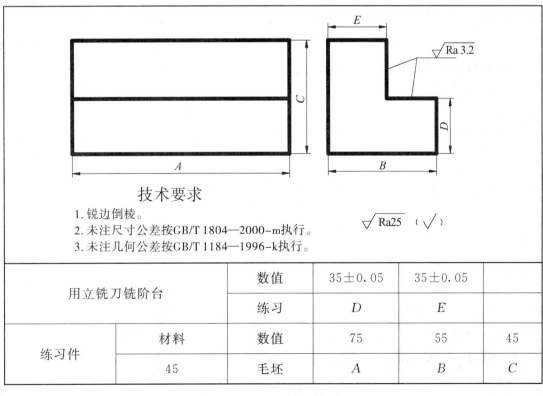

技术要求

1. 锐边倒棱。
2. 未注尺寸公差按GB/T 1804—2000—m执行。
3. 未注几何公差按GB/T 1184—1996—k执行。

用立铣刀铣阶台		数值	35±0.05	35±0.05	
		练习	D	E	
练习件	材料	数值	75	55	45
	45	毛坯	A	B	C

图 5-15　铣削零件图

2. 铣削示意图

用立铣刀铣阶台，如图 5-16 所示。

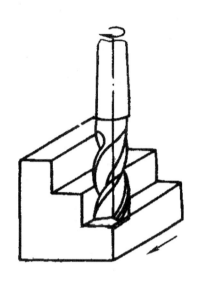

图 5-16　立铣刀铣阶台

3. 操作步骤与检查内容(表 5-8)

表 5-8　操作步骤与检查内容

操 作 步 骤	检查内容
(1) 看图并检查毛坯尺寸，计算加工余量	$75 \times 55 \times 45$
(2) 选用立铣刀，安装并校正立铣头，将铣刀安装在立铣头锥孔中	$\phi 22，Z=3$
(3) 选用平口钳装夹工件，校正固定钳口使其与纵向进给方向平行，然后紧固	调整正确
(4) 将工件放在钳口内，垫上平行垫铁，夹紧并检查工件与垫铁是否贴紧	正确装夹
(5) 选择合适的铣削用量，将主轴变速箱和进给变速箱上各手柄扳至所需位置	计算、查阅手册
(6) 对刀调整：启动机床，操纵手柄，使铣刀擦至工件上表面，在垂向刻度盘上做好记号，使工件先垂向后横向退出；操纵手柄，使铣刀圆周刃擦至工件侧面，在横向刻度盘上做好记号；使工件先横向后纵向退出	准确对刀

操　作　步　骤	检查内容
（7）粗铣阶台：摇动垂向手柄，调整铣削深度，留 0.5 mm 左右为精铣余量，摇动横向手柄，留 0.5 mm 左右为精铣余量，紧固横向工作台；摇动纵向手柄，使工件靠近铣刀直至接触，打开切削液，纵向机动进给完成粗铣；停机，关闭切削液，使工件先垂向后纵向退出	正确操作
（8）精铣阶台：测量工件尺寸，确定精铣余量；操纵手柄，调整铣削深度和宽度，调整转速和进给量，用前述方法精铣平面；停机，关闭切削液，拆卸工件	查阅手册
（9）去毛刺，测量工件，检测后若不符合要求，应重新铣削至图样要求尺寸	尺寸 Ra3.2

4. 注意事项

（1）平口钳的固定钳口应调整好。

（2）选择的垫铁应平行，铣削时工件与垫铁应清理干净。

（3）铣削中不使用的进给机构应紧固。

（4）铣削时，进给量和切削深度不能太大，铣削钢件时必须加切削液。

要求：

1. 在下表中填写用立铣刀铣阶台的对刀调整步骤：

对刀调整步骤	
1	
2	
3	
4	
5	
6	
7	
8	

2. 独立用立铣刀铣阶台并记录。

情况记录：

这就是你将要面对的一切，开始行动吧！

_____

_____

_____

_____

任务四　铣　沟　槽

一、用三面刃铣刀铣直角沟槽

 练习：阅读以下学习材料，完成相关要求。

1. 铣削零件图

本任务的铣削零件图如图 5 – 17 所示。

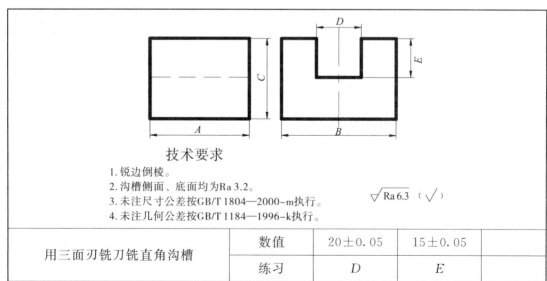

技术要求

1. 锐边倒棱。
2. 沟槽侧面、底面均为Ra 3.2。
3. 未注尺寸公差按GB/T 1804—2000—m执行。
4. 未注几何公差按GB/T 1184—1996—k执行。

$\sqrt{Ra\,6.3}$　$(\sqrt{\ })$

用三面刃铣刀铣直角沟槽		数值	20±0.05	15±0.05	
		练习	D	E	
练习件	材料	数值	70	50	50
	45	毛坯	A	B	C

图 5 – 17　铣削零件图

2. 铣削示意图

用三面刃铣刀铣直角沟槽，如图 5 - 18 所示。

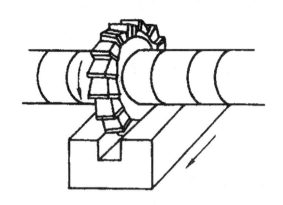

图 5 - 18　三面刃铣刀铣直角沟槽

3. 操作步骤与检查内容(表 5 - 9)

表 5 - 9　操作步骤与检查内容

操 作 步 骤	检查内容
(1) 看图、检查毛坯尺寸并划出槽的顶线和端线	$70 \times 50 \times 50$
(2) 选用三面刃铣刀，选择合适的刀杆，将铣刀装在刀杆上，并使铣刀尽量靠近主轴	$\phi 80 \times 14 \times 27$ $Z = 18$
(3) 选用平口钳装夹工件，校正固定钳口使其与纵向进给方向平行，然后紧固	调整正确
(4) 将工件放在钳口内，垫上平行垫铁，夹紧并检查工件与垫铁是否贴紧	正确装夹
(5) 选择合适的铣削用量，将主轴变速箱和进给变速箱上各手柄扳至所需位置	计算、查阅手册
(6) 对刀调整：调整工作台，使铣刀处于铣削位置，目测铣刀两侧刃与工件槽宽线是否对齐；启动机床，摇动垂向手柄，使铣刀擦至工件上表面，在垂向刻度盘上做好记号；继续操纵，切出刀痕，停机，检查刀痕是否与两侧面距离相等，若有偏差，需重新调整，试切至相等；紧固横向工作台，使工件先垂向后纵向退出	准确对刀

操 作 步 骤	检查内容
（7）铣沟槽：摇动垂向手柄，调整铣削深度（如深度过大，可分几次完成）；摇动纵向手柄，使工件靠近铣刀直至接触；打开切削液，纵向机动进给完成铣削；停机，关闭切削液，拆卸工件	正确操作
（8）去毛刺，测量工件，如不符合要求，须重新铣削，直至满足图样要求	尺寸、Ra6.3 对称度

4. 注意事项

（1）铣精度要求高的直角沟槽时，可选择小于槽宽的铣刀，先铣好槽深，再扩铣槽宽。

（2）铣削中不用的进给机构应紧固。

（3）调整铣削深度时，如深度过大，可分几次完成进给。

要求：

1. 在下表中填写三面刃铣刀铣直角沟槽的对刀调整步骤：

对刀调整步骤	
1	
2	
3	
4	
5	
6	
7	
8	

2. 独立用三面刃铣刀铣直角沟槽并记录。

情况记录：

这就是你将要面对的一切，开始行动吧！

二、用立铣刀铣直角沟槽

 练习：阅读以下学习材料，完成相关要求。

1. 铣削零件图

本任务的铣削零件图如图 5-19 所示。

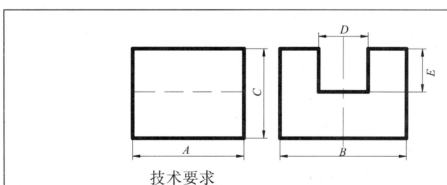

技术要求

1. 锐边倒棱。
2. 沟槽侧面、底面均为 Ra 3.2。
3. 未注尺寸公差按GB/T 1804—2000-m执行。
4. 未注几何公差按GB/T 1184—1996-k执行。

用立铣刀铣直角沟槽		数值	20±0.05	15±0.05	
		练习	D	E	
练习件	材料	数值	70	50	50
	45	毛坯	A	B	C

图 5-19　铣削零件图

2. 铣削示意图

用立铣刀铣直角沟槽，如图 5－20 所示。

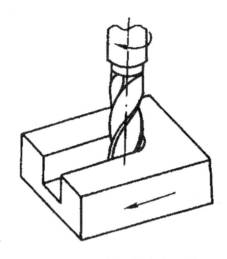

图 5－20　立铣刀铣直角沟槽

3. 操作步骤与检查内容(表 5－10)

表 5－10　操作步骤与检查内容

操 作 步 骤	检查内容
(1) 看图并检查毛坯尺寸，计算加工余量	$70×50×50$
(2) 选用立铣刀，安装并校正立铣头，选择合适的中间锥套，将刀杆插入立铣头锥孔中	$\phi20$，$Z＝3$
(3) 选用平口钳装夹工件，校正固定钳口使其与纵向进给方向平行，并与主轴轴线平行，然后紧固	调整正确
(4) 将工件放在钳口内，垫上平行垫铁，夹紧并检查工件与垫铁是否贴紧	正确装夹
(5) 选择合适的铣削用量，将主轴变速箱和进给变速箱上各手柄扳至所需位置	计算、查阅手册
(6) 对刀调整：启动机床，操纵手柄，使铣刀周刃擦至工件侧面，操纵手柄，调整铣刀对准工件中心，紧固横向工作台；操纵手柄，使铣刀擦至工件上表面，在垂向刻度盘上做好记号，使工件先垂向后纵向退出	准确对刀

续表

操　作　步　骤	检查内容
（7）铣沟槽：摇动垂向手柄，调整铣削深度；摇动纵向手柄，使工件靠近铣刀直至接触，打开切削液，纵向机动进给完成粗铣；停机，关闭切削液，拆卸工件	正确操作
（8）去毛刺，测量工件，如不符合要求，须重新铣削，直至满足图样要求	尺寸、Ra3.2 对称度

4. 注意事项

（1）使用直径较小的立铣刀加工工件，进给不能太快，以免产生严重的让刀现象而造成废品或刀具折断。

（2）如加工的沟槽较深，应分数次铣到要求的槽深。

（3）如铣刀直径小于槽宽，铣削时，应先铣槽深，再扩铣沟槽两侧，并注意扩铣时应避免顺铣，以免损坏刀具，啃伤工件。

（4）铣削中不用的进给机构应紧固。

要求：

1. 在下表中填写用立铣刀铣直角沟槽的对刀调整步骤：

对刀调整步骤	
1	
2	
3	
4	
5	
6	
7	
8	

2. 用立铣刀铣直角沟槽并记录。

情况记录：

_____

_____

_____

_____

任务五　铣　键　槽

 练习：阅读以下学习材料，完成相关要求。

1. 铣削零件图

本任务的铣削零件图如图 5 - 21 所示。

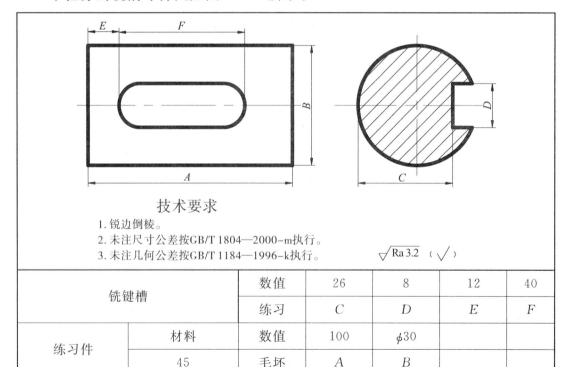

铣键槽		数值	26	8	12	40
		练习	C	D	E	F
练习件	材料	数值	100	φ30		
	45	毛坯	A	B		

图 5 - 21　铣削零件图

2. 铣削示意图

铣平键槽，如图 5 - 22 所示。

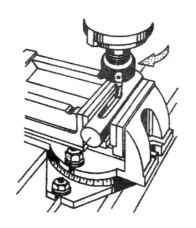

图 5 - 22   铣平键槽

3. 操作步骤与检查内容(表 5 - 11)

表 5 - 11   操作步骤与检查内容

操 作 步 骤	检查内容
(1) 看图并检查毛坯尺寸,计算加工余量	$100 \times \phi 30$
(2) 选用键槽铣刀,选择弹簧夹头或快换铣夹头安装铣刀,校正铣刀的径向圆跳动误差	$\phi 8, Z = 2$
(3) 选用平口钳装夹工件,校正固定钳口使其与纵向进给方向平行,然后紧固	调整正确
(4) 将工件放在钳口内,垫上平行垫铁,夹紧,若有表面粗糙度要求,需在两钳口处垫上铜皮	正确装夹
(5) 选择合适的铣削用量。将主轴变速箱和进给变速箱上各手柄扳至所需位置	计算、查阅手册
(6) 对刀调整:启动机床,操纵手柄,使铣刀周刃擦至工件侧母线,操纵手柄,调整铣刀对准工件中心,紧固横向工作台;操纵手柄,使铣刀底刃擦至工件上母线,在垂向刻度盘上做好记号,使工件先垂向后纵向退出;操纵垂向和纵向手柄,使铣刀擦至端面,在纵向刻度盘上做好记号,使工件垂向退出;操纵纵向手柄,调整铣刀至正确位置,在纵向刻度盘上做好记号	准确对刀

续表

操　作　步　骤	检查内容
（7）铣槽：启动机床，打开切削液，摇动垂向手柄，使工件靠近铣刀至接触，继续摇动垂向手柄，铣削至深度；摇动纵向手柄，完成铣削；操纵手柄，使工件先垂向后纵向退出；停机，关闭切削液，拆卸工件	正确操作
（8）去毛刺，测量工件，如不符合要求，须重新铣削，直至满足图样要求	尺寸、Ra3.2对称度

4. 注意事项

（1）注意校正铣刀的径向圆跳动，否则槽宽不合格。

（2）铣刀装夹应牢固，防止铣削时产生松动。

（3）铣削时，深度不能过大，进给不能过快，否则会让刀。

（4）铣刀磨损后应及时刃磨和更换，以免尺寸和表面粗糙度不合格。

（5）工作中不使用的进给机构应紧固，工作完毕后再松开。

（6）校正工件时不准用手锤直接敲击工件，以防破坏工件表面。

（7）测量工件时应停止铣刀旋转。

（8）铣削中应加切削液，及时清除切屑。

要求：

1. 在下表中填写铣平键槽的对刀调整步骤：

对刀调整步骤	
1	
2	
3	
4	
5	
6	
7	
8	

2. 独立完成铣平键槽并记录。

情况记录：

任务六 铣特形沟槽

一、铣 V 形槽

 练习：阅读以下学习材料，完成相关要求。

1. 铣削零件图

本任务的铣削零件图如图 5－23 所示。

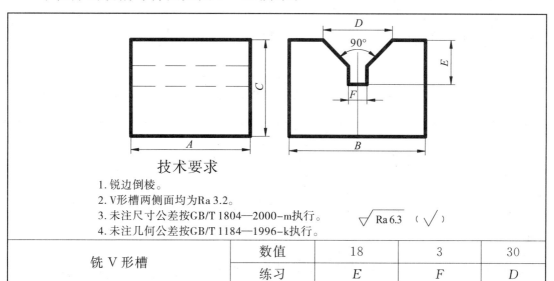

铣 V 形槽		数值	18	3	30
		练习	E	F	D
练习件	材料	数值	80	60	70
	45	毛坯	A	B	C

图 5－23　铣削零件图

2. 铣削示意图

铣 V 形槽如图 5 - 24 所示，先铣出直槽，然后用双角铣刀铣出 V 形槽。

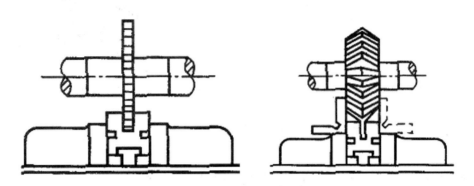

图 5 - 24　铣 V 形槽

3. 操作步骤与检查内容(表 5 - 12)

表 5 - 12　操作步骤与检查内容

操　作　步　骤	检查内容
(1) 看图、检查毛坯并划出窄槽和 V 形槽的轮廓线	$80 \times 60 \times 70$
(2) 选用锯片铣刀和角度为 α 的对称双角铣刀；选择合适的刀轴，先将锯片铣刀装在刀轴上	$\phi 80 \times 3 \times 22$，$Z = 20$ $\phi 90 \times 40 \times 90°$，$Z = 24$
(3) 选择平口钳装夹工件，校正固定钳口使其与纵向进给方向平行，然后紧固	调整正确
(4) 将工件放在钳口内预紧，校正工件上表面使其与工作台面平行，然后夹紧	正确装夹
(5) 选择合适的铣削用量，将主轴变速箱和进给变速箱上各手柄扳至所需位置	计算、查阅手册
(6) 对刀调整：调整工作台，使工件位于铣刀下方，调整铣刀两侧面使其与窄槽线对齐；启动机床，操纵垂向手柄，使铣刀擦至工件上，在垂向刻度盘上做好记号；继续操纵垂向手柄，使铣刀在工件上切出刀痕，停机，使工件先垂向后纵向退出；查看刀痕是否与两线对齐，若未对齐，需调整横向工作台；然后紧固横向工作台	准确对刀

续表

操 作 步 骤	检查内容
（7）切窄槽：启动机床，摇动垂向手柄，使工作台上升 E；摇动纵向手柄，使工件靠近铣刀直至接触；打开切削液，手动均匀进给，切出窄槽；操纵手柄，使工件先垂向后纵向退出	正确操作
（8）对刀调整：换双角铣刀；调整工作台，使工件位于双角铣刀下方，启动机床，摇动垂向手柄，使刀尖擦至工件上表面，在垂向刻度盘上做好记号；继续操纵垂向手柄，使铣刀两刀刃同时擦至窄槽，并切出刀痕，停机，使工件先垂向后纵向退出；测量刀痕与工件两侧面距离是否相等，若不相等，需调整横向工作台；然后紧固横向工作台	准确对刀
（9）铣 V 槽：摇动垂向手柄，调整铣削余量；启动机床，打开切削液，摇动纵向手柄，使工件靠近铣刀至接触，纵向机动进给切出 V 槽；停机，关闭切削液，拆卸工件	正确操作
（10）去毛刺，测量工件，如不符合要求，须重新铣削，直至满足图样要求	尺寸、Ra3.2 对称度

4. 注意事项

（1）应校正工件或夹具基准面使其与工作台面平行。

（2）注意 V 形槽角度超差。

（3）切 V 槽时如余量大，一般分三次进给，余量应依次减小。

（4）铣削中应加切削液，并及时清除切屑。

要求：

1. 在下表中填写铣 V 形槽的对刀调整步骤：

对刀调整步骤	
1	
2	

续表

	对刀调整步骤
3	
4	
5	
6	
7	
8	

2. 独立进行铣 V 形槽的操作并记录。

情况记录：

这就是你将要面对的一切，开始行动吧！

_____

_____

_____

_____

_____

_____

二、铣 T 形槽

 练习：阅读以下学习材料，完成相关要求。

1. 铣削零件图

本任务的铣削零件图如图 5-25 所示。

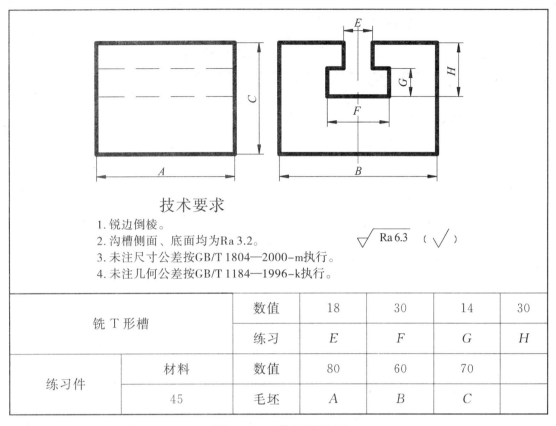

技术要求

1. 锐边倒棱。
2. 沟槽侧面、底面均为Ra 3.2。
3. 未注尺寸公差按GB/T 1804—2000-m执行。
4. 未注几何公差按GB/T 1184—1996-k执行。

$\sqrt{}$ Ra 6.3 （$\sqrt{}$）

铣 T 形槽		数值	18	30	14	30
		练习	E	F	G	H
练习件	材料	数值	80	60	70	
	45	毛坯	A	B	C	

图 5 - 25　铣削零件图

2. 铣削示意图

铣 T 形槽如图 5 - 26 所示，先铣出直槽，然后用 T 形槽刀铣削，最后倒角。铣削示意图如图 5 - 26(a)～(d)所示。

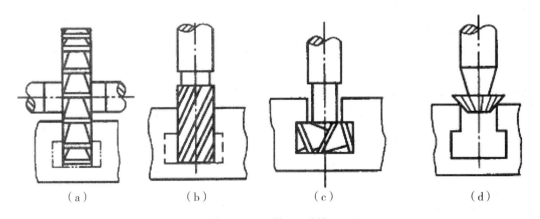

（a）　　　　　　（b）　　　　　　（c）　　　　　　（d）

图 5 - 26　铣 T 形槽

3. 操作步骤与检查内容(表 5 - 13)

表 5 - 13 操作步骤与检查内容

操 作 步 骤	检查内容
(1) 看图、检查毛坯尺寸并划出窄槽和 T 形槽的轮廓线	$80 \times 60 \times 70$
(2) 选用立铣刀和 T 形槽铣刀,先将立铣刀用快换夹头安装在立铣头锥孔中	$\phi 18, Z=3$ $\phi 30 \times 14$
(3) 选用平口钳装夹工件,校正固定钳口使其与纵向进给方向平行,然后紧固	调整正确
(4) 将工件放在钳口内预紧,校正工件上表面使其与工作台面平行,然后夹紧	正确装夹
(5) 选择合适的铣削用量,将主轴变速箱和进给变速箱上各手柄扳至所需位置	计算、查阅手册
(6) 对刀调整:调整工作台,使铣刀位于工件端面,目测铣刀在端面的中心位置;启动机床,摇动纵向手柄,切出刀痕;停机,使工件纵向退出,测量刀痕与工件两侧面距离是否相等,若不相等,调整横向工作台,再进行试切至相等,紧固横向工作台;启动机床,操纵手柄,使铣刀擦至工件上,在垂向刻度盘上做好记号,使工件先垂向后纵向退出	准确对刀
(7) 切直角沟槽:启动机床,摇动垂向手柄,使工作台上升 H;摇动纵向手柄,使工件靠近铣刀至接触,打开切削液,纵向机动进给切出直角沟槽;停机,关闭切削液,使工件先垂向后纵向退出	正确操作
(8) 切 T 形槽:换刀,调整切削用量;启动机床,操纵手柄,使 T 形槽铣刀的端面齿刃擦至槽底;摇动纵向工作台,使工件直角沟槽两侧同时接触铣刀,并切出刀痕,退出工件,测量槽深及两侧的对称度,若不符合,需调整工作台,试切至要求;继续手动进给,当铣刀一小部分进入工件后改为机动进给,同时打开切削液,铣出 T 形槽;停机,关闭切削液,拆卸工件	正确操作
(9) 去毛刺,测量工件,如不符合要求,须重新铣削,直至满足图样要求尺寸	尺寸、Ra3.2 对称度

4. 注意事项

（1）T形槽铣刀切削时，刀具埋在工件里，切屑不易排出，应经常退出铣刀，清除切屑。

（2）T形槽铣刀切削时，切削热不易散发，应充分浇注切削液。

（3）T形槽铣刀在切出工件时产生顺铣，会使工作台窜动而折断铣刀，出刀时应改为手动缓慢进给。

（4）T形槽铣刀切削时切削条件差，要用较小的进给量和较低的切削速度。

要求：

1. 在下表中填写铣 T 形槽的对刀调整步骤：

对刀调整步骤	
1	
2	
3	
4	
5	
6	
7	

2. 独立进行铣 T 形槽的操作并记录。

情况记录：

这就是你将要面对的一切，开始行动吧！

三、铣燕尾槽

练习：阅读以下学习材料，完成相关要求。

1. 铣削零件图

本任务的铣削零件图如图 5 - 27 所示。

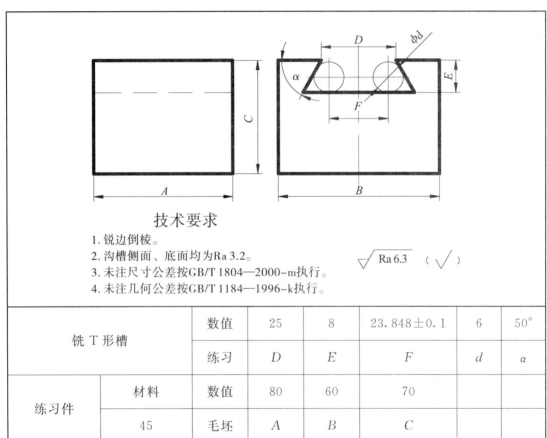

技术要求

1. 锐边倒棱。
2. 沟槽侧面、底面均为Ra 3.2。
3. 未注尺寸公差按GB/T 1804—2000-m执行。
4. 未注几何公差按GB/T 1184—1996-k执行。

$\sqrt{\text{Ra 6.3}}$ （ $\sqrt{}$ ）

铣 T 形槽		数值	25	8	23.848±0.1	6	50°
		练习	D	E	F	d	α
练习件	材料	数值	80	60	70		
	45	毛坯	A	B	C		

图 5 - 27　铣削零件图

2. 铣削示意图

铣燕尾槽，如图 5 - 28 所示，先铣出直槽，然后用燕尾槽刀进行铣削。

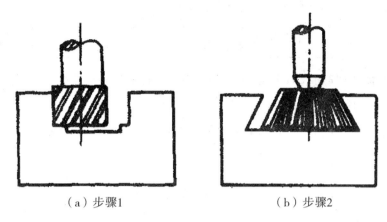

（a）步骤1　　　　　　　　（b）步骤2

图 5-28　铣燕尾槽

3. 操作步骤与检查内容（表 5-14）

表 5-14　操作步骤与检查内容

操 作 步 骤	检查内容
（1）看图、检查毛坯尺寸并划出燕尾槽顶部和端部的轮廓线	80×60×70
（2）选用立铣刀和燕尾槽铣刀，将铣刀安装在立铣头锥孔中	$\phi25$，$Z=3$ $\alpha=50°$
（3）选用平口钳装夹工件，校正固定钳口使其与纵向进给方向平行，然后紧固	调整正确
（4）将工件放在钳口内预紧，校正工件使其上表面与工作台面平行，然后夹紧	正确装夹
（5）选择合适的铣削用量，将主轴变速箱和进给变速箱上各手柄扳至所需位置	计算、查阅手册
（6）对刀调整：调整工作台，使铣刀位于工件端面，目测铣刀在端面的中心位置，启动机床，摇动纵向手柄，切出刀痕；停机，使工件纵向退出，测量刀痕与工件两侧面距离是否相等，若不相等，需调整横向工作台，再进行试切至相等，紧固横向工作台；启动机床，操纵手柄，使铣刀擦至工件上表面，在垂向刻度盘上做好记号；操纵手柄，使工件先垂向后纵向退出	准确对刀

操　作　步　骤	检查内容
（7）切直角沟槽：摇动垂向手柄，调整铣削深度，留 0.2 mm 余量；启动机床，打开切削液，摇动纵向手柄，使工件靠近铣刀，直至接触，纵向机动进给铣出直角沟槽；停机，关闭切削液，使工件先垂向后纵向退出	正确操作
（8）切燕尾槽：换燕尾槽刀；启动机床，调整工作台，使工件槽底与铣刀端面齿接触，并与槽的一侧擦着，在横向和纵向刻度盘上作好记号，纵向退出工件；操纵垂向手柄，调整深度余量 0.2 mm，手动纵向进给，切出刀痕，测量深度 E，若不对，需重新调整工作台，试铣，测量，直至符合要求；计算横向移动量，操纵横向手柄，使工件横向移动，留 0.5 mm 为精铣余量（若粗铣余量过大，可分几次铣削），紧固横向工作台；启动机床，打开切削液，先手动纵向切入，再改为机动进给；停机，关闭切削液，纵向退出工件；去毛刺，测量工件，根据测得数据，调整横向工作台，完成燕尾槽一侧的精铣。用上述方法铣削燕尾槽的另一侧，停机，关闭切削液，拆卸工件	查阅手册正确操作
（9）去毛刺，测量工件，如不符合要求，须重新铣削，直至满足图样要求	尺寸、Ra3.2、对称度

4. 注意事项

（1）校正工件时应消除工作台不平行的误差。

（2）装夹工件时校正基面与纵向工作台进给方向使其平行。

（3）若横向粗铣余量过大，可分几次铣削。

（4）加工时注意计算要正确，进给要准确。

（5）加工时注意刀具变钝和产生振动。

（6）铣削中应加切削液，及时清除切屑。

要求：

1. 在下表中填写铣燕尾槽的对刀调整步骤：

对刀调整步骤	
1	
2	
3	
4	
5	
6	
7	
8	
9	
10	

2. 独立完成铣燕尾槽的操作并记录。

情况记录：

这就是你将要面对的一切，开始行动吧！

项目六　综 合 加 工

任务一　冲头的加工

 练习1：分析图样，根据备料图进行备料。

本任务的图样如图6－1所示，冲头的备料图如图6－2所示。

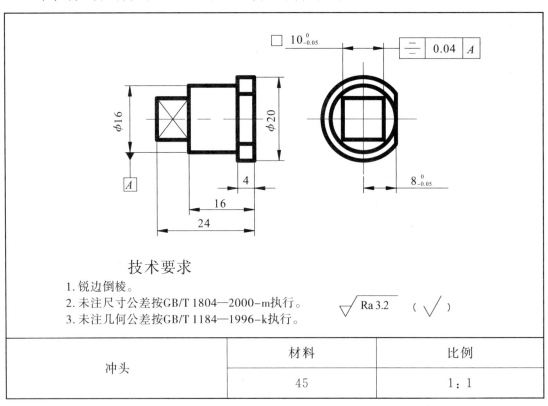

技术要求

1. 锐边倒棱。
2. 未注尺寸公差按GB/T 1804—2000—m执行。
3. 未注几何公差按GB/T 1184—1996—k执行。

$\sqrt{Ra\,3.2}$　（$\sqrt{}$）

冲头	材料	比例
	45	1∶1

图6－1　冲头零件图

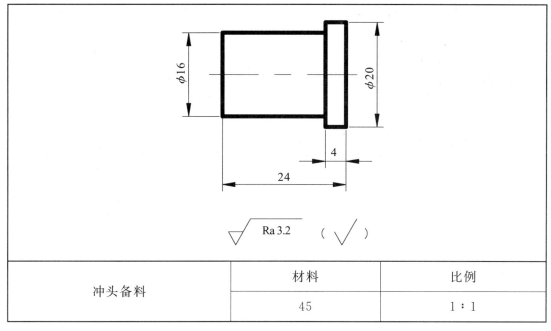

冲头备料	材料	比例
	45	1∶1

图 6-2 冲头备料图

 练习 2：分析零件图样，回答问题，填写加工计划，完成加工及检验。

1. 查阅相关资料，回答以下问题：
(1) 冲头的作用是什么？

_____

_____

_____

(2) 冲头的材料是什么？国家标准是什么？并请解释其含义。

_____

_____

_____

（3）该零件的几何公差（形位公差）有哪些要求？阐述其含义并解释其原因。

_____

_____

_____

_____

（4）该零件的尺寸公差和表面质量有哪些要求？

_____

_____

_____

（5）原则上，切削速度、刀具磨损量和使用寿命之间存在着一定的关系，即使是非常好的刀刃材料也不能消除这种关系。解释"刀具耐用度 T"这一概念，它与什么有关？

_____

_____

_____

（6）选择理想的刀具材料时，深思熟虑是非常有必要的。在加工过程中，选择正确的刀具材料能够达到什么目的？

_____

_____

（7）阐述刀具磨损的原因及采取的措施。（例如：切削表面磨损、崩刃、积屑瘤等）

_____

_____

_____

_____

（8）铣削时，根据加工条件的不同，会形成不同的切屑形状。说出这些切屑形状的名称。铣削时最理想的切屑形状是什么样的？说明原因。

_____

_____

_____

_____

（9）加工一个冲头可以采用哪些加工方法？需要使用哪些机床？

_____

_____

_____

_____

（10）说出检验工件公差所需的检验工具。

（11）加工技术参数如何确定？

2. 将下面冲头的加工计划表补充完整：

序号	加工步骤	刀具	检验工具	V_c	n	f	a_p
1							
2							
3							
4							
5							
6							
7							
8							
9							
10							

3. 根据检验特征检验冲头，并将检验值填写在下表中：

序号	检验特征	额定值	实际值	评价
1				
2				
3				
4				
5				
6				
7				
8				
9				
10				

冲头加工小结

任务二 滑块的加工

 练习1：根据备料图完成备料。

本任务的滑块备料图如图6-3所示。

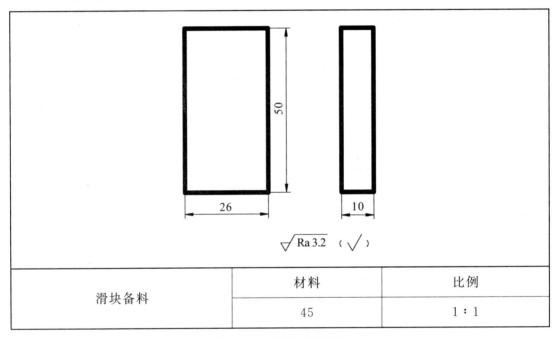

滑块备料	材料	比例
	45	1：1

图6-3 滑块备料图

 练习2：分析零件图样，填写工作计划，完成加工和检验。

本任务的滑块零件图如图6-4所示。

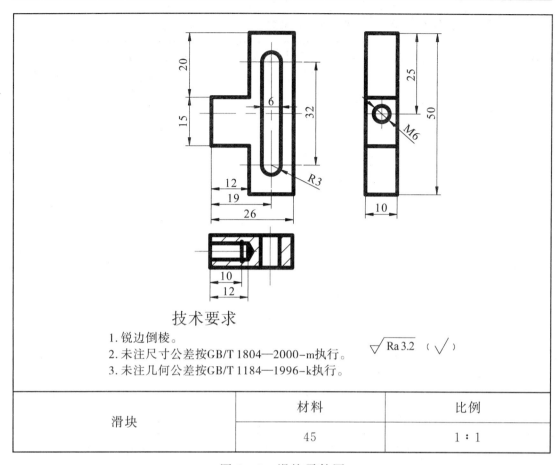

技术要求

1. 锐边倒棱。
2. 未注尺寸公差按GB/T 1804—2000—m执行。　$\sqrt{}$ Ra 3.2 　（ $\sqrt{}$ ）
3. 未注几何公差按GB/T 1184—1996—k执行。

滑块	材料	比例
	45	1∶1

图 6-4　滑块零件图

1. 小组讨论滑块加工步骤和工艺要点,记录如下:

_____

_____

_____

_____

_____

_____

_____

2. 将下面滑块的加工计划表补充完整：

序号	加工步骤	刀具	检验工具	V_c	n	f	a_p
1							
2							
3							
4							
5							
6							
7							
8							
9							
10							

3. 根据检验特征检验滑块，并将检验值填写在下表中：

序号	检验特征	额定值	实际值	评价
1				
2				
3				
4				
5				
6				
7				
8				
9				
10				

滑块加工小结

任务三　支 架 的 加 工

 练习1： 根据备料图进行备料。

本任务的支架备料图如图6－5所示。

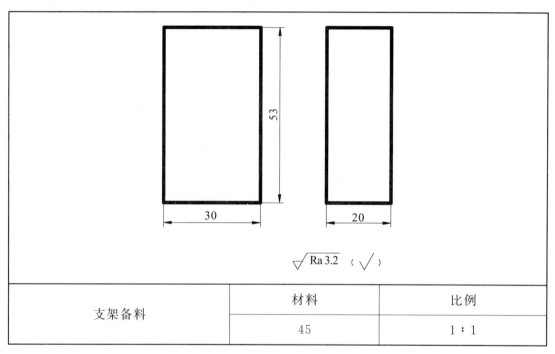

支架备料	材料	比例
	45	1∶1

图6－5　支架备料图

 练习2： 分析零件图样，填写工艺步骤，完成加工。

本任务的支架零件图如图6－6所示。

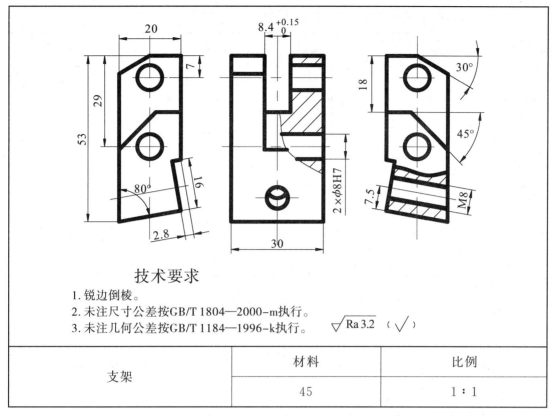

技术要求

1. 锐边倒棱。
2. 未注尺寸公差按GB/T 1804—2000—m执行。
3. 未注几何公差按GB/T 1184—1996—k执行。　$\sqrt{}$ Ra3.2　（$\sqrt{}$ ）

支架	材料	比例
	45	1∶1

图 6－6　支架零件图

1. **小组讨论支架加工步骤和工艺要点并记录如下：**

这就是你将要面对的一切，开始行动吧！

_____

_____

_____

_____

_____

_____

2. 将下面支架的加工计划表补充完整：

序号	加工步骤	刀具	检验工具	V_c	n	f	a_p
1							
2							
3							
4							
5							
6							
7							
8							
9							
10							

3. 根据检验特征检验支架，并将检验值填写在下表中：

序号	检验特征	额定值	实际值	评价
1				
2				
3				
4				
5				
6				
7				
8				
9				
10				

支架加工小结

参 考 文 献

［1］人力资源和社会保障部教材办公室. 铣工工艺学. 北京：中国劳动社会保障出版社，2014.

［2］机械工业职业教育研究中心. 铣工技能实战训练. 北京：机械工业出版社，2004.

［3］张国军. 机械制造技术实训指导. 北京：电子工业出版社，2005.